NEUERE FORTSCHRITTE DER GALVANOTECHNIK

EINE ERGÄNZUNG ZU
„DIE GALVANISCHEN METALLNIEDER-SCHLÄGE UND DEREN AUSFÜHRUNG"

IV. Auflage

VON G. BUCHNER UND A. WOGRINZ

VON

Dr. ALFRED WOGRINZ
Privatdozent an der Technischen Hochschule Wien
Fachtechnisches Mitglied des Österreichischen Patentamtes
Gerichtlich beeidigter Sachverständiger

MIT 53 ABBILDUNGEN IM TEXT

M·KRAYN
BERLIN·W

1929

Druck von H. Laupp jr in Tübingen.

Vorrede.

Das vorliegende Büchlein verdankt seine Entstehung einem Wunsche des Herrn Verlegers, vorläufig, bis zum Erscheinen einer Neuauflage, zunächst eine Ergänzung der: „Galvanischen Niederschläge (Galvanostegie und Galvanoplastik) und deren Ausführung" von G. Buchner und A. Wogrinz herauszugeben, die den gewaltigen Fortschritten im Fache während der letzten Jahre Rechnung trägt.

Der Zweck des kleinen Werkes war für die Art seiner Abfassung maßgebend — es soll aber nicht nur den Besitzern der „Galvanischen Metallniederschläge" willkommen sein, sondern auch Lesern, die diese Veröffentlichung noch nicht kennen, wertvolle Mitteilungen und Anregungen bringen.

Ich hoffe, daß es mir gelungen ist, die mir gestellte Aufgabe zu lösen und danke der Direktion der Langbein-Pfanhauser-Werke herzlich für die freundliche Unterstützung meiner Arbeit durch wertvolle Ratschläge und die Ueberlassung schöner Abbildungen.

Wien, Weihnachten 1927.

Der Verfasser.

Inhaltsverzeichnis.

Einleitung

sowie vorbereitende Erläuterungen einiger Grundbegriffe der Chemie und der Elektrotechnik.

(Zu S. 1—61 der „Metallniederschläge".)

Wie schon in der Vorrede gesagt worden ist, soll das vorliegende Büchlein eine Ergänzung der „Galvanischen Metallniederschläge" von G. Buchner und A. Wogrinz sein, eine Ergänzung, die insbesondere auf die Fortschritte unseres Faches seit dem Erscheinen dieses Werkes Bedacht nimmt — und da gilt es erst einmal zuzusehen, in welcher Richtung sich denn diese Fortschritte überhaupt bewegen.

Bei einer solchen Betrachtung fällt uns vor allem der mächtige Aufschwung auf, den die Galvanostegie seit dem Ende des großen Krieges in der Bewältigung von Massengütern mit zweckmäßigen Apparaten und sorgfältig durchgearbeiteten Elektrolyten genommen hat, immer mit dem Ziele, die Lehren einer harten Zeit zu nutzen, an Unkosten zu sparen, dabei aber eine weitgehende Stetigkeit des Betriebes und der im vorhinein genau festgelegten Beschaffenheit seiner Erzeugnisse zu sichern. Man trachtet zum Beispiel, wo nur irgend möglich, das zeitraubende „Anfädeln" und stückweise Einhängen der Ware von Hand in „ruhende" Bäder zu vermeiden, ferner die Zeit ihres Verweilens in den „Massenapparaten", „Wanderbädern" und „Fließanlagen" abzukürzen und auch schon bei der Vorbereitung der Werkstücke für das Elektroplattieren, sowie bei ihrem schließlichen Spülen und Auftrocknen die Handarbeit auszuschalten. Wie man dabei vorgegangen ist, wollen wir dem Leser nun im folgenden darlegen — ist er aber ein Neuling in unserem Fache, dann müssen wir ihm zu seiner Vorbereitung doch wohl zunächst auf das eingangs erwähnte Buch und die in ihm enthaltenen kurzen Erläuterungen der Grundbegriffe der Chemie und der Elektrotechnik verweisen. Ohne deren Kenntnis kommt er eben heute nicht mehr weiter und hier findet er ja auch nur ergänzende Bemerkungen zu diesen Erläuterungen.

Beginnen wir also gleich mit ihnen!

Die wichtigsten chemischen Grundstoffe.

Name des Grundstoffes	Zeichen	Atomgewicht	1 Amperstunde entspricht g
Aluminium	Al	26,97	
Antimon	Sb	121,80	
Arsen	As	74,96	
Barium	Ba	137,40	
Blei	Pb	207,20	3,859
Bor	B	10,82	
Chlor	Cl	35,46	
Chrom	Cr	52,01	0,323 [1])
Eisen	Fe	55,84	0,693 [2]) 1,040 [3])
Gold	Au	197,20	2,449 [4]) 7,346 [5])
Kadmium	Cd	112,40	2,093
Kalium	K	39,10	
Kalzium	Ca	40,07	
Kobalt	Co	58,97	1,098
Kohlenstoff	C	12,00	
Kupfer	Cu	63,57	1,184 [6]) 2,368 [7])
Magnesium	Mg	24,32	
Natrium	Na	23,00	
Nickel	Ni	58,68	1,093
Palladium	Pd	106,70	1,987 [8])
Phosphor	P	31,04	
Platin	Pt	195,20	1,813 [9])
Quecksilber	Hg	200,60	
Sauerstoff	O	16,00	
Schwefel	S	32,07	
Silber	Ag	107,88	4,019
Stickstoff	N	14,01	

[1]) Aus Lösungen sechswertigen Chroms, also „Chromsäure“-Bädern.
[2]) Aus Lösungen dreiwertigen Eisens, z. B. von Eisenchlorid.
[3]) Aus solchen zweiwertigen Eisens, etwa von Ferrosulfat.
[4]) Aus Lösungen dreiwertigen Goldes, also von „Goldchlorid“.
[5]) Aus solchen des einwertigen Metalles, zyankalischen Goldbädern.
[6]) Auf Lösungen zweiwertigen Kupfers, „sauren“ Kupferbädern.
[7]) Aus denen des einwertigen Kupfers, den zyankalischen Bädern.
[8]) Aus Lösungen des zweiwertigen Metalles.
[9]) Aus Lösungen des vierwertigen Metalles.

Name des Grundstoffes	Zeichen	Atomgewicht	1 Amperstunde entspricht g
Wasserstoff	H	1,01	
Wismuth	Bi	209,00	
Zink	Zn	65,37	1,218
Zinn	Sn	118,70	1,105 [1])
			2,211 [2])

Was zunächst die Ausführungen über die Grundbegriffe der Chemie in den „Galvanischen Metallniederschlägen“ anbelangt, gehen sie von einer Zusammenstellung der „Elemente“ und ihrer für uns so wichtigen Atomgewichte aus, deren Werte wir aber jetzt so annehmen wollen, wie sie in der vorstehenden Zusammenstellung ausgewiesen sind. Wir brauchen uns dann bei allen Rechenbeispielen in den „Metallniederschlägen“, ohne daß sich sonst deren Gang ändern würde, bloß der entsprechenden Zahlen aus dieser Tafel zu bedienen, wozu es für den denkenden Leser weiterer Erklärungen gewiß nicht bedarf. Angaben über verschiedene Eigenschaften für uns wichtiger Stoffe findet er dann noch in anderen Zusammenstellungen am Schlusse dieses Werkes, wo ihm übrigens auch Veröffentlichungen genannt sind, durch deren Studium er sich leicht noch tiefere Kenntnisse der Chemie aneignen mag, als sie ihm die „Metallniederschläge“ vermitteln. Ferner sind dort einige leicht verständliche Werke, welche die Elektrotechnik behandeln, angeführt, so daß wir uns auch bei diesem Wissenszweige im allgemeinen auf knappe Bemerkungen zu den entsprechenden Abschnitten der „Metallniederschläge“ beschränken dürfen.

Den Anfang machen wir wiederum mit den Stromquellen und stellen fest, daß „Galvanische Elemente“ heute zum Betriebe unserer Bäder bei ernster Arbeit überhaupt nicht mehr in Betracht kommen oder nur in so seltenen Ausnahmefällen, daß es ganz überflüssig ist, uns weiter mit ihnen zu befassen, obwohl bei ihrer Erzeugung, insbesondere bei der kleiner Trockenbatterien, sicherlich schöne Fortschritte zu verzeichnen sind. Wir wollen also ihrer gar nicht mehr gedenken, sondern bloß der Dynamomaschinen, ferner der sogenannten „Gleichrichter“ und schließlich der Akkumulatoren. Als Dynamomaschinen für unsere Zwecke benützen wir nach wie vor fast ausschließ-

[1]) Aus Lösungen des vierwertigen Metalles.

[2]) Aus solchen des zweiwertigen Metalles.

lich „Nebenschluß“-Maschinen (Fig. 1) mit zwei bis acht „Magnetpolen“, also einem bis vier „Polpaaren“, zwischen denen sich der „Anker“ dreht. Schon einigermaßen größere Maschinen pflegt man mit sogenannten „Wendepolen“ auszurüsten (Fig. 2), um bei wechselnder Belastung nicht die den Strom vom „Kollektor“ abnehmenden „Bürsten“ zur Verhinderung des „Feuerns“ verstellen zu müssen und ganz große Maschinen erhalten überdies zwei Kollektoren (Fig. 3) [1]). Außer diesen Nebenschlußmaschinen verwendet man dann manchmal noch solche mit „Fremderregung“ (Fig. 4), bei denen man also den Strom für die Magnete nicht

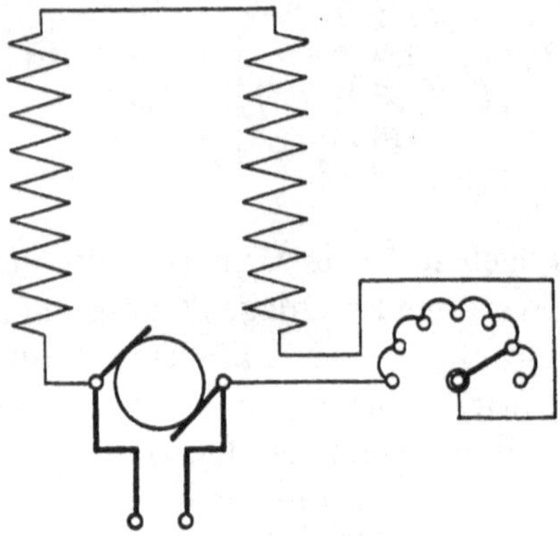

Fig. 1.

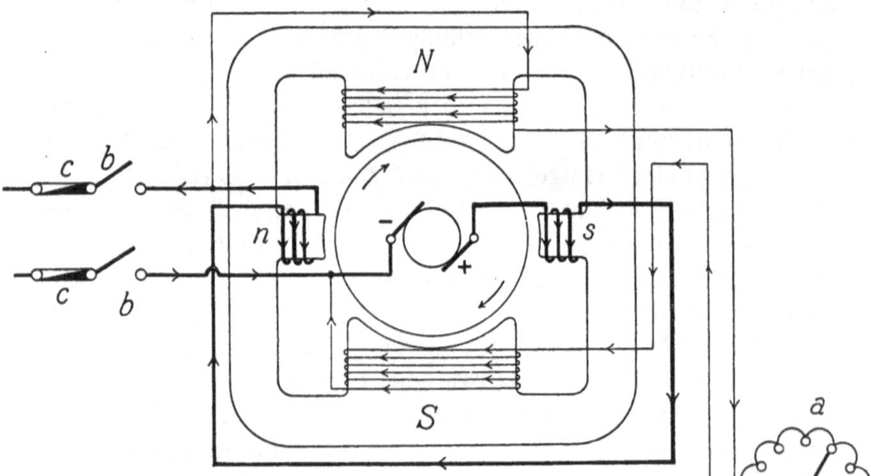

Fig. 2.

Nebenschlußgenerator mit Wendepolen n und s, deren Wicklung bei geschlossenem Schalter b in der durch die Pfeilspitzen angedeuteten Richtung vom Strom durchflossen wird. a Nebenschlußregulator, c Sicherungen.

---

[1]) Wenn wir hier nur die elektromagnetischen Maschinen, die uns Strom liefern, als „Dynamomaschinen“ bezeichnen, passen wir uns damit einer zwar landläufigen, aber trotzdem nicht zutreffenden Ausdrucksweise an, denn eigentlich müßten wir von „Generatoren“ sprechen. Streng richtig ist folgendes: Dynamomaschinen heißen solche Maschinen, die zur Umwandlung mechanischer in elektrische Leitung oder elektrischer in mechanische Leistung

der Maschine selbst, sondern etwa einer Akkumulatorenbatterie entnimmt und zwar dann, wenn man Wert darauf legt, die Span-

Fig. 3.

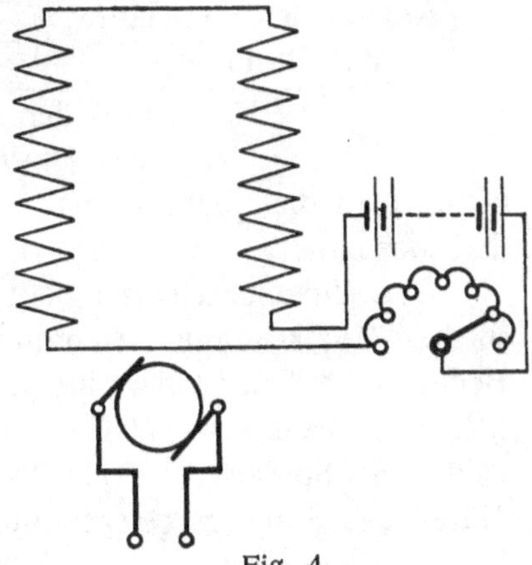

Fig. 4.

nung an den Klemmen bei verschiedenen Belastungen innerhalb weiterer Grenzen regeln zu können als dies bei Nebenschlußmaschinen gleicher Bauart mit Hilfe des in den Stromkreis der Magnete geschalteten veränderlichen Widerstandes möglich ist.

Wegen des Antriebes einer Dynamomaschine für unsere Zwecke wollen wir uns etwas ausführlicher folgendes bemerken.

---

dienen — Generatoren nennen wir dann die Dynamomaschinen, bei denen wir einzelne Teile unter Aufwendung mechanischer Leistung in Bewegung setzen, damit die Maschinen Strom abgeben — Elektromotoren dagegen jene, denen wir Strom zuführen, damit sich einzelne Teile in Bewegung setzen und mechanische Arbeit leisten. Es gilt also folgende Einteilung:

- Dynamomaschinen
  - Generatoren
    - Gleichstromgeneratoren
    - Wechselstromgeneratoren
  - Motoren
    - Gleichstrommotoren
    - Wechselstrommotoren

Zwar ist es immer noch am besten, sie unmittelbar mit einem Elektromotor zusammenzubauen, zum „Aggregat" zu kuppeln, dabei dürfen wir aber nicht übersehen, daß uns heute bereits an den meisten Orten zur Speisung von Elektromotoren nicht mehr Gleichstrom, sondern bloß sogenannter „Drehstrom" zur Verfügung steht. Auf eine gründlichere Erläuterung seines Wesens können wir uns nicht einlassen, sondern müssen Leser, die sich über den Gegenstand näher unterrichten wollen, auf die am Schlusse des Büchleins angeführten Werke verweisen — hier mag es genügen, festzuhalten, daß in einem Drehstromnetze drei Wechselströme zusammenwirken, solchermaßen, daß im „Ständer" eines angeschlossenen Elektromotors [1]) ein umlaufendes Magnetfeld, ein sogenanntes „Drehfeld" entsteht, unter dessen Einflusse sich dann auch der „Läufer" um seine Achse bewegt und zwar selbst bei voller Belastung nur um weniges langsamer als das Magnetfeld. Den in Prozenten ausgedrückten Unterschied zwischen der Anzahl der Kreisläufe des Drehfeldes im Ständer und der Umdrehungen des Läufers, also das Ergebnis der Rechnung:

$$\frac{\left\{\begin{array}{c}\text{Anzahl der Kreisläufe}\\ \text{des Drehfeldes}\end{array} - \begin{array}{c}\text{Drehzahl des}\\ \text{Läufers}\end{array}\right\} \times 100}{\begin{array}{c}\text{Anzahl der Kreisläufe}\\ \text{des Drehfeldes}\end{array}} \qquad 1)$$

nennt man die „Schlüpfung" oder den „Schlipf" der betreffenden Maschine — er beträgt für gewöhnlich 3—7 %.

Die Winkelgeschwindigkeit des Drehfeldes im Ständer eines solchen Motors können wir nun nicht ohne weiteres nach unserem Belieben wählen, sondern sie hängt einerseits von der Anzahl der „Perioden" der drei Wechselströme ab, anderseits von der Anzahl der „Spulen", die je Stromkreis — je „Phase" — in die Nuten des Ständers gelegt sind und zwar im Sinne der Formel:

$$\begin{array}{c}\text{Anzahl der Kreisläufe}\\ \text{des Drehfeldes je Minute}\end{array} = \frac{\begin{array}{c}\text{Anzahl der Perioden der}\\ \text{Wechselströme je Sekunde}\end{array} \times 60}{\begin{array}{c}\text{Anzahl der Ständerspulen}\\ \text{je Phase}\end{array}} \qquad 2)$$

Haben wir also zum Beispiele im Wechselstromnetze 50 Perioden (50 ∽) je Sekunde, dann ist nach dieser Formel bei einem sogenannten

---

[1]) Andere Wechselstrommotoren als die gewöhnlichen Drehstrommotoren haben für uns keine besondere Bedeutung; vgl. übrigens die Fußnote auf S. 10.

	mit Spulen je Phase:	daher mit insgesamt Ständerspulen:	die Anzahl der Umläufe des Drehfeldes je Minute:
„zweipoligen“ Motor:	1	3	3000
„vierpoligen „ :	2	6	1500
„sechspoligen“ „ :	3	9	1000
„achtpoligen“ „ :	4	12	750

und weiter zum Beispiele bei einem Motor mit 2 Spulen je Phase, insgesamt also 6 Spulen auf dem Ständer (vgl. Fig. 10), einem sogenannten „vierpoligen“ Motor, die Anzahl der Drehungen des Läufers je Minute (n):

1500 — etwa 5% von 1500 = rund 1425,

welche Drehzahl wir als gegeben hinnehmen müssen und nicht weiter ändern können.

Wozu haben wir nun diese Erwägungen angestellt?

Wir dürfen nämlich nicht vergessen, daß eine Dynamomaschine, die wir zur Lieferung des Stromes für Bäder verwenden wollen, ja ebenfalls stets für eine bestimmte Anzahl Umdrehungen ihres Ankers gebaut ist, bei der sie, richtig beansprucht, ihre volle Leistung hergibt, was sie nicht tut, wenn man sie langsamer „laufen“ läßt, während es anderseits sehr bedenklich ist, sie rascher anzutreiben, da hiebei leicht ihr Gefüge leiden mag. Will man also Motor und Dynamo zum Aggregate kuppeln und hat man für den Motor nur Drehstrom zur Verfügung, so muß man unbedingt eine Dynamo verwenden, für die etwa 2850 oder rund 1425 oder beiläufig 950 Umdrehungen ihres Ankers vorgeschrieben sind — wohlgemerkt unter der Voraussetzung, daß die Wechselströme im Netze 50 ∼ haben, denn wären es vielleicht nur 45, so hätten, wie der Leser ja jetzt leicht selbst berechnen mag, die Läufer der angeschlossenen „zweipoligen“ Motoren nur Drehzahlen um 2560, die der „vierpoligen“ um 1280 und die der „sechspoligen“ um 850 und diese Unterschiede gegen die für 50 ∼ ausgewiesenen Drehzahlen fallen beim Betriebe von Niederspannungs-Dynamomaschinen eben schon ganz gehörig ins Gewicht! Das soeben Erläuterte halte man sich insbesondere dann vor Augen, wenn sich Gelegenheit zum Kaufe einer gebrauchten Dynamo bietet, während man, wenn man zu ihrem Betriebe Gleichstrom zur Verfügung hat, der Drehzahl ihres Ankers weniger Aufmerksamkeit zu widmen braucht, da es nicht schwer ist, sich später einen zu ihr passenden Gleichstrommotor zu beschaffen. Schließlich und endlich steht uns für alle Fälle — auch bei Drehstrombetrieb — dann noch immer der Ausweg offen, von einer unmittelbaren Verbindung zwischen Motor und Dynamo abzusehen und zum Riemenzuge zu greifen, der ja kurz sein mag, nur muß man recht geschmeidige Riemen nehmen und sie kitten oder zumindesten „nähen" da „Schlösser" stets harte Schläge geben und auf die Dauer die Wellenlager schädigen.

Nun noch einige Worte über Elektromotoren überhaupt.

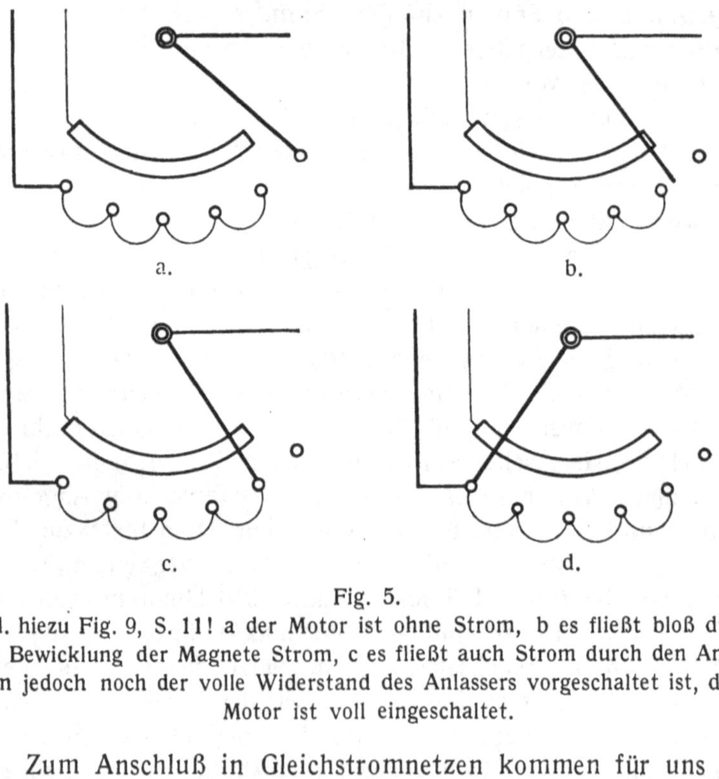

Fig. 5.
Vgl. hiezu Fig. 9, S. 11! a der Motor ist ohne Strom, b es fließt bloß durch die Bewicklung der Magnete Strom, c es fließt auch Strom durch den Anker, dem jedoch noch der volle Widerstand des Anlassers vorgeschaltet ist, d der Motor ist voll eingeschaltet.

Zum Anschluß in Gleichstromnetzen kommen für uns nur „Nebenschluß"-Elektromotoren in Betracht, deren Schaltung samt der des zugehörigen „Anlassers" uns Fig. 9 weist. Ohne solchen Anlasser, bloß unter Verwendung eines „zweipoligen" Schalters — und selbstverständlich mit richtig bemessenen „Sicherungen" in beiden Leitungszweigen — darf man nämlich in der Regel nur ganz kleine Maschinen benützen. Die Anlasser bestehen, wie die Magnetstromregler unserer Dynamomaschinen, aus einer Schaltvorrichtung, nämlich einer Reihe von Kontaktstellen auf einer isolierenden Grundplatte, die von einem Schleifkontakte bestrichen werden und einer Anzahl von metallenen „Widerständen“. Fig. 5 erläutert uns die Wirkungsweise eines Anlassers noch weiter, übrigens ist die Schaltvorrichtung häufig auch so eingerichtet (Fig. 6), daß im Ruhezustande (Stellung a) die Erregerwicklung der Magnete durch den Anker geschlossen ist, dann beim Anlassen (Stellung b) sogleich an die Stromquelle gelegt und nun Schritt für Schritt der vor den Anker geschaltete Widerstand verringert wird. Ihn bilden frei angeordnete, allenfalls auch über isolierende Kerne gewickelte Drahtspiralen oder Metallbänder, manchmal auch gewellte oder glatte, zwischen isolierende Stoffe gepackte Metallstreifen. Sie werden entweder an einem geeigneten Rahmen angebracht, in gut gelüftete Metallkästen eingebaut oder sie befinden sich gar in einem mit Oel gefüllten Gefäß, dessen Deckel dann gewöhnlich die Schaltvorrichtung trägt (Fig. 7). Die Bemessung der Widerstände eines Anlassers hängt davon ab, ob der Motor, für den er bestimmt ist, „unbelastet“, mit „halber Last“ oder unter „voller Last“ anläuft. Eine besondere Erläuterung dieser Ausdrücke ist wohl nicht nötig.

Fig. 6.

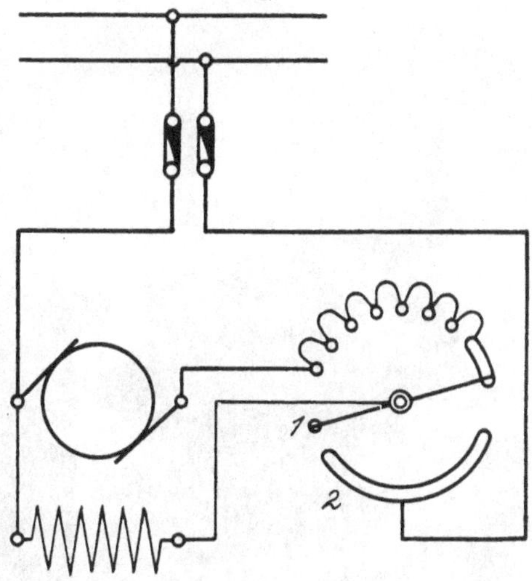

Stellung a.

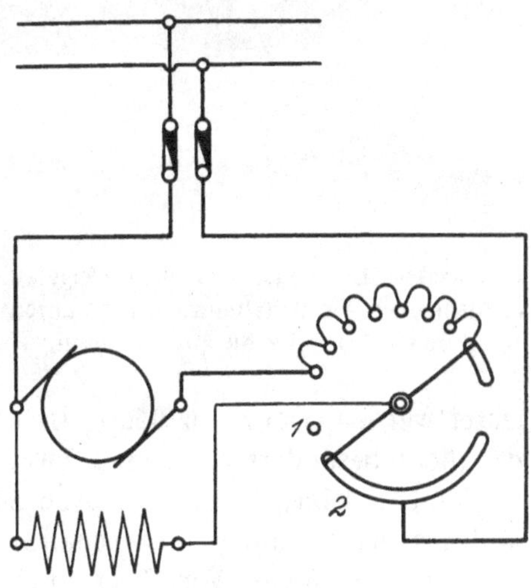

Stellung b.

Das Anlassen durch Weiterrücken des Kontakthebels an der Schaltvorrichtung darf nicht allzu rasch geschehen, damit der Anker Zeit hat, mit dem Schnellwerden seiner Drehung der

Verringerung des Widerstandes im Anlasser zu folgen. Anderseits soll das Einschalten auch nicht unnötig langsam geschehen, da die Widerstände des Anlassers in der Regel nur für eine vorübergehende Beanspruchung mit solchen Stromstärken eingerichtet sind, mit denen sie beim Gebrauch des Apparates be-

Fig. 7.
Oelanlasser. Links der aus dem Oelgefäß herausgenommene Anlaßapparat, an dem oben die Schalteinrichtung, unten die Widerstandsspiralen zu sehen sind, rechts das Oelgefäß aus Gußeisen.

lastet werden. Ganz unzulässig ist es daher, mit einem Anlasser, der nicht besonders für diesen Zweck gebaut ist, die Anzahl der Drehungen seines Motors dadurch zu verringern, daß man einen Teil des Widerstandes eingeschaltet läßt — ganz abgesehen davon, daß ein solches Verfahren auch recht unwirtschaftlich ist[1]). Das Ausschalten geschieht sodann durch rasches Rückstellen des Kontakthebels in seine Anfangsstellung, wobei die Magnet-

[1]) Die Verwendung eines Motors mit Einrichtungen zur Veränderung seiner „Tourenzahl" — sei es eines solchen für Gleichstrom, sei es eines Kol-

wicklung beim Verlassen des Kontaktes 2 wieder über den Anker geschlossen wird (Fig. 6), so daß in ihr gefährliche „selbstinduktive" Spannungen nicht auftreten können[1]). Schließlich öffnet man nun noch den Schalter, der, wie schon bemerkt, „zweipolig" sein muß, ebenso wie die „Sicherungen", die zwischen

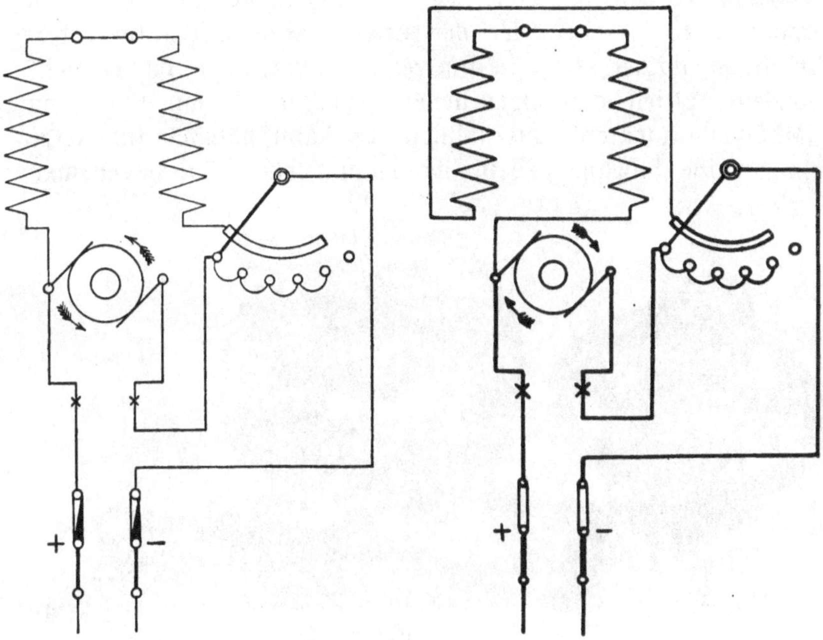

Fig. 9.

Der Anker des übersichtlich dargestellten Nebenschlußelektromotors behält (vgl. den linken Teil der Fig. 9) seine Drehrichtung bei, gleichgültig, ob der +-Pol der Stromquelle an der linken oder an der rechten Anschlußklemme liegt, da beim Wechsel des Anschlusses sowohl der Strom im Anker, als auch der in den Magneten seine Richtung ändert. Dagegen wird der Motor durch die Umschaltung seiner Magnetwicklung im Sinne des rechten Teiles der Fig. 9 „umgesteuert".

---

lektormotors für ein- oder mehrphasigen Wechselstrom — kommt für gewöhnlich für uns überhaupt nicht in Betracht. Ob sie in einem ganz besonderen Falle am Platze ist und welche Anordnungen dann zu treffen sind, können nur gewiegte Fachleute entscheiden.

[1]) Mit einem „Kurzschlußkontakt" (Fig. 8, a) rüstet man übrigens gerne auch die Nebenschlußregler größerer Dynamomaschinen aus.

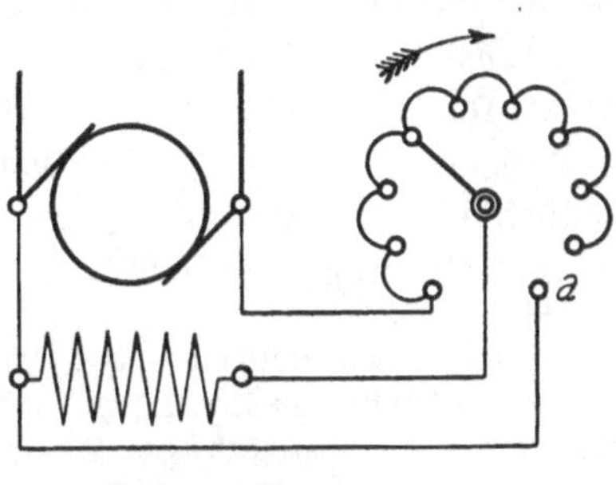

Fig. 8.

ihm und dem Motor liegen; bei geöffnetem Schalter stehen sie also nicht „unter Spannung“ und können, wenn nötig, ohne Gefahr ausgewechselt werden. Anlasser, Schalter und Sicherungen vereinigt man am besten auf einer „Motorschalttafel“ — sehr zu empfehlen ist es übrigens, wenn es sich um den Anschluß einer größeren Maschine handelt, sie auch noch mit einem weiteren Apparate zu versehen, der den Leitungskreis selbsttätig unterbricht, sobald der Strom in ihm verschwindet, wenn man es nicht vorzieht, gleich den eigentlichen Schalter als einen solchen „Minimalautomaten“ auszubilden. Es kann nämlich im Netze einmal eine Störung geben, die schon vorüber ist, bevor man

Fig. 10.
Drehstrommotor mit Kurzschlußläufer. Rechts der Ständer auf der Gleitplatte, links ein abgenommenes Lagerschild mit dem Läufer.

noch Zeit hatte, die angeschlossenen Motoren von Hand abzuschalten, so daß die wiederum einsetzende volle Betriebsspannung dann auf die inzwischen zur Ruhe gekommenen und durch ihre Anlasser ja nicht geschützten Maschinen trifft, was ausgiebige Schäden mit sich bringt.

Was schließlich das „Umsteuern“ eines Nebenschluß-Elektromotors anbelangt, verweisen wir den Leser auf die Darstellungen der Fig. 9, die wohl keiner weiteren Erläuterung bedürfen [1]) und wollen uns jetzt noch ein wenig mit den „Drehstrom“-Motoren befassen.

[1]) So einfach übrigens das „Umsteuern“ eines Gleichstrommotors und auch eines Drehstrommotors (vgl. S. 17) an sich auch sein mag, ist es doch besser, es von einem tüchtigen Elektrotechniker vornehmen zu lassen, wenn man selbst nicht die nötigen Erfahrungen in solchen Arbeiten hat. Es ist näm-

Warum sie so heißen wissen wir bereits und wir unterscheiden bei ihnen die Maschinen mit „Kurzschlußläufern" (Fig. 10) von denen mit „Schleifringläufern" (Fig. 11). Von ersteren dürfen wiederum meist nur Stücke mit einer Leistung von höchstens 1 PS bloß über einen „dreipoligen" Schalter und selbstverständlich mit Sicherungen in allen drei Leitungszwei-

Fig. 11.

Drehstrommotor mit Schlußringläufer. Rechts der Ständer mit den „Bürsten" b auf den Gleitschienen mit den Spannschrauben c, links ein abgenommenes Lagerschild samt dem Läufer mit den Schleifringen a.

gen, also im Sinne der Fig. 12 angeschlossen werden — größere müssen, wenn überhaupt zugelassen, mit einem „Ständeranlasser" versehen sein (Fig. 13)[1]. Gewöhnlich verwendet man aber dann bei den für uns in Betracht kommenden Anlagen die an zweiter Stelle erwähnten Motoren mit „Schleifringläufern" und

---

lich oft nicht gleichgültig, ob sich der Läufer der betreffenden Maschine und der von ihr angetriebenen Dynamo in dem einen oder dem anderen Sinne dreht, so daß beim Umsteuern auch Veränderungen am Bürstenapparate nötig sind.

[1]) Recht zweckmäßig, selbst für kleinere Motoren mit Kurzschlußläufern, sind die sogenannten „Stern-Dreieck-Schalter". Mit einem solchem Apparate legt man beim Anlaufen die drei Zweige der Ständerwicklung des Motors in „Sternschaltung" ans Netz, worauf man, wenn der Läufer seine volle Drehzahl erreicht hat, umschaltet und sie zur Arbeit in „Dreieckschaltung" verbindet.

„Läuferanlassern“ (Fig. 14). Wie die Wicklung auf dem Läufer verteilt ist, möge dahingestellt bleiben — wir bemerken uns nur, daß sie aus drei Zweigen besteht, deren eine Enden unmittelbar miteinander verbunden sind, während die anderen Enden an den Schleifringen liegen. Von diesen Schleifringen vermitteln auf ihnen gleitende Kontakte, „Bürsten“, die Verbindung zum An-

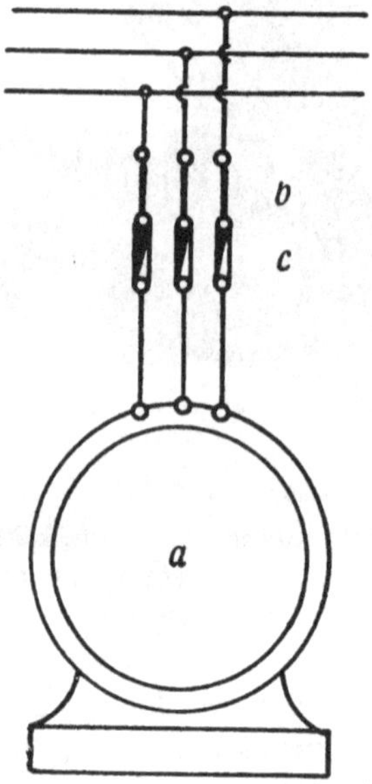

Fig. 12.
Drehstrommotor a mit Kurzschlußläufer über den Schalter b und die Sicherungen c unmittelbar ans Netz geschlossen.

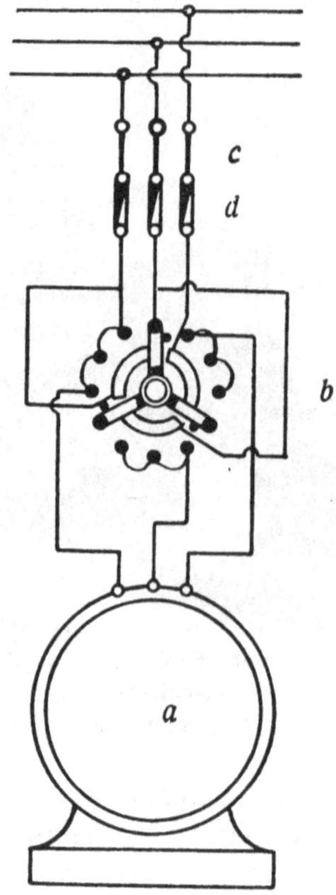

Fig. 13.
Drehstrommotor a mit Kurzschlußläufer, Ständeranlasser b, Schalter c und Sicherungen d.

lasser. Je weiter dann beim Einschalten dessen Kontaktstücke im Sinne der Angaben bei der Fig. 14 bewegt werden, desto geringer werden offenbar die Widerstände, die im Anlasser vor den drei Zweigen der Läuferwicklung liegen, bis diese schließlich über die Schleifringe und den Kontakthebel des Anlasser unmittelbar miteinander verbunden sind. Manchmal ist nun noch eine besondere Einrichtung vorhanden, die gestattet, jetzt am Läufer selbst die Zweige der Wicklung kurzzuschließen und die Bürsten von den Schleifringen abzuheben, um so diese Teile zu schonen. Es darf aber dann nicht vergessen werden, vor einem neuerlichen Anlassen des Motors diesen Kurzschluß am Läufer durch Rückstellen der erwähnten Vorrichtung aufzuheben und den Hebel des Anlassers wieder in die ursprüngliche Lage zu bringen, da sonst der Motor beim neuerlichen Schließen seines Schalters als Motor mit einem „Kurzschlußläufer" anspringen würde.

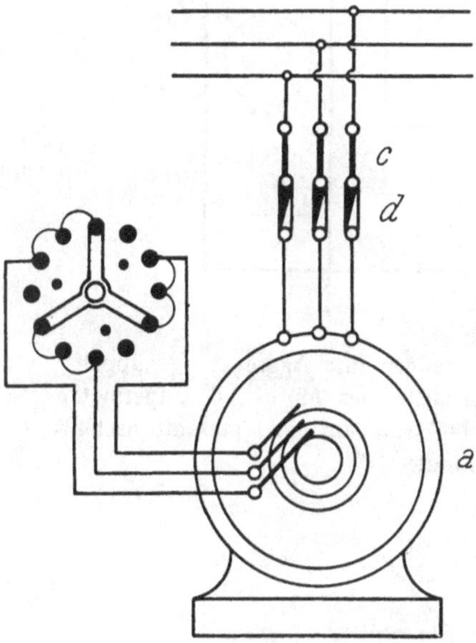

Fig. 14.
Motor mit Schleifringläufer, b Läuferanlasser, c Schalter, d Sicherungen. Das Anlassen geschieht durch Drehen des Kontaktstückes entgegen dem Sinne der Bewegung des Uhrzeigers.

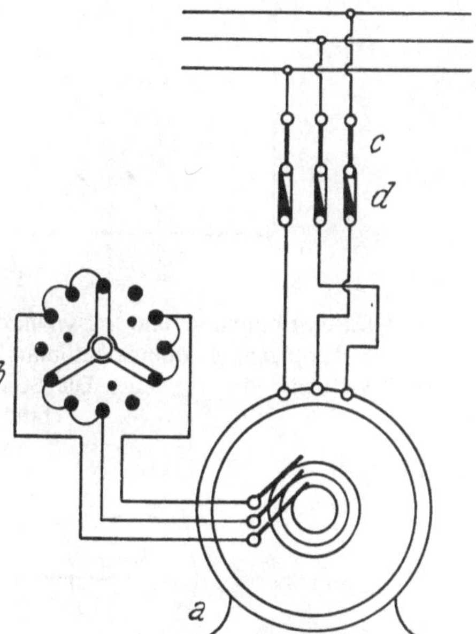

Fig. 15.
Das „Umsteuern" des in Fig. 14 dargestellten Drehstrommotors a mit Schleifringläufer.

Wir haben also beim Anlassen eines Drehstrommotors folgendermaßen vorzugehen:

1. Nachsehen, ob der Kurzschluß am Läufer aufgehoben ist und die Bürsten ordentlich auf den Schleifringen aufliegen,

2. Nachsehen, ob der Läuferanlasser die richtige Stellung hat, so daß der Motor beim Schließen des Schalters nicht angehen kann,

3. Schließen des Schalters, der die Ständerwicklung an die Leitung legt — der Motor brummt,

4. Langsames Anlassen des Motors mit Hilfe des Läuferanlassers,

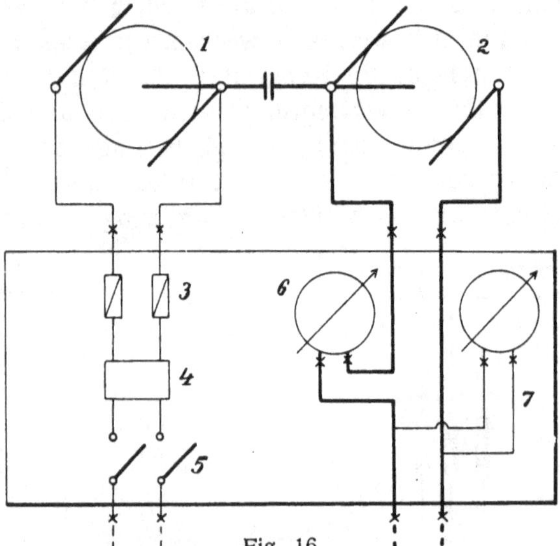

Fig. 16.

1 Gleichstrommotor und 2 Dynamo miteinander zum Aggregat „gekuppelt", 3 Sicherungen, 4 Minimalautomat, 5 Schalter des Motors, 6 Ampermeter, 7 Voltmeter der Dynamo. Die Stücke 3—7 sind auf einer Maschinenschalttafel vereinigt.

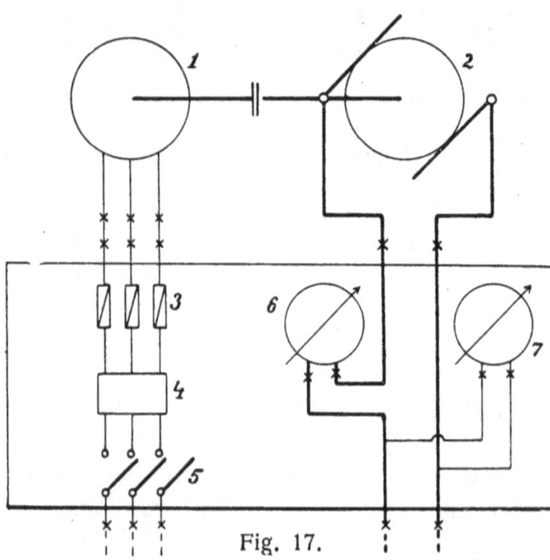

Fig. 17.

1 Drehstrommotor und 2 Dynamo miteinander zum Aggregat „gekuppelt". Bedeutung der Ziffern 3—7 sinngemäß die gleiche wie in Fig. 16.

5. Herstellen des Kurzschlusses am Läufer und Abheben der Bürsten, sobald der Motor voll eingeschaltet ist.

Beim Abstellen des Motors haben wir dagegen folgende Handgriffe zu merken:

1. Rückstellen des Läuferanlassers in seine Ausgangsstellung,

2. Auflegen der Bürsten auf die Schleifringe und Rückstellen der Kurzschlußeinrichtung, so daß der Kurzschluß am Läufer aufgehoben ist,

3. Oeffnen des Schalters, der die Ständerwicklung an die Leitung legt.

Das „Umsteuern" einer Drehstrommotors geschieht einfach in der Art, daß man den Anschluß zweier Leitungszweige an die Ständerklemmen vertauscht (Fig. 15), wodurch der Sinn des Umlaufes des Drehfeldes geändert wird. Der Leser gedenke jedoch der Fußnote [1]) der S. 12!

Was nun das Zugehör für Elektromotoren anbelangt, haben wir ja der Schalter, der Sicherungen und der „Minimalautomaten" bereits gedacht und in mehreren Figuren dargestellt, wie solche Stücke anzuordnen sind — auch bei unseren Dynamomaschinen für Spannungen von höchstens etwa 15 Volt Schalter und Sicherungen vorzusehen, ist im allgemeinen nicht nötig und üblich, so daß uns Fig. 16 und 17 schließlich die vollständige Ausstattung von Aggregaten für unsere Zwecke erläutern [1]). Gelegentlich mag übrigens neben der Sicherung durch Schmelzstreifen und einen Minimalautomaten auch noch eine weitere durch einen „Maximalautomaten" in Betracht kommen, einen Apparat, der, ebenfalls selbsttätig, einen Schalter öffnet, wenn im betreffenden Leitungskreise die Stärke des Stromes das zulässige Höchstmaß überschreitet. Fig. 18 zeigt die vom Verfasser entworfene Schaltung zweier Aggregate und ihres Zugehöres, die auch im Nachtbetrieb ohne Aufsicht arbeiten und

---

[1]) Ausdrücklich betont sei, daß wir den Anschluß der Motoren solcher Maschinensätze an das Netz unbedingt befugten Fachleuten überlassen müssen, da Arbeiten, deren Ausführungen nicht voll und ganz den „Sicherheitsvorschriften des Verbandes Deutscher Elektrotechniker" entspricht, leicht die Ursache von Sachschäden und schweren Gefahren für die Gesundheit oder gar das Leben von Menschen werden. Die Gefährlichkeit von Pfuscharbeiten ist eine weit höhere als man gemeiniglich glaubt, auch dann, wenn die Netzspannung „nur" 110 Volt beträgt! Das leider noch immer viel zu wenig gelesene Buch: „Der elektrische Unfall" des Wiener Arztes Universitätsprofessor Dr. Stefan Jellinek, 2. Auflage 1927, Wien bei Deuticke, bringt uns dafür ebenso traurige wie lehrreiche Belege.

dabei so ausgestattet sein mußten, daß nach menschlichem Ermessen jede Gefährdung der Werkstätte, einer Druckerei für Wertpapiere, ausgeschlossen war.

Und nun wenden wir uns einer kurzen Besprechung der „Gleichrichter“ zu.

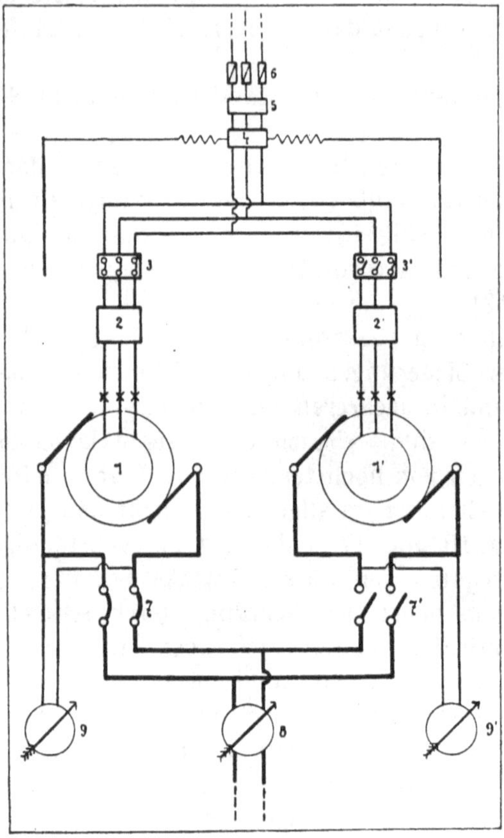

Fig. 18.
1, 1′ die zwei Aggregate mit Drehstrommotoren mit Kurzschlußläufern, 2, 2′ deren Ständeranlasser, 3, 3′ Schalter der Motoren, 5 Minimalautomat, 6 Sicherungen, 7, 7′ Schalter der Dynamomaschinen, 8 Amperemeter, 9, 9′ Voltmeter. 4 ist ein Apparat, der den Motorstrom selbsttätig unterbricht, wenn eines der Lager der Maschinensätze „warm läuft“.

Wir haben ja schon an einer früheren Stelle darauf hingewiesen, daß uns an den meisten Orten heute nur mehr Wechselstrom — für Motoren sogenannter „Drehstrom“ — zur Verfügung steht, was in der Art der Entwicklung der Elektrotechnik seinen Grund hat. Erst durch die Verwendung von Wechselströmen ist es nämlich möglich geworden, bedeutende elektrische Leistungen auf große Entfernungen zu übertragen und von „Ueberlandwerken“ aus weit entfernte Orte zu speisen, sowie die mächtigen Flächenräume unserer Großstädte von einer günstig gelegenen Stelle ihres Weichbildes aus planmäßig mit Strom zu versorgen. Es macht uns eben gar keine Schwierigkeiten, in diesen „Zentralen“ Wechselstrom von sehr hoher Spannung zu erzeugen, was bei Gleichstrom nicht so leicht ginge, so daß wir zur Uebertragung beträchtlicher Leistungen nur verhältnismäßig schwache Ströme und damit Leitungen geringen Querschnittes brauchen, während uns die „Transformatoren“ ohne weiteres gestatten, die hohen Uebertragungsspannungen wiederum auf die üblichen Netzspannungen herunterzusetzen. Diese, heute wohl allgemein

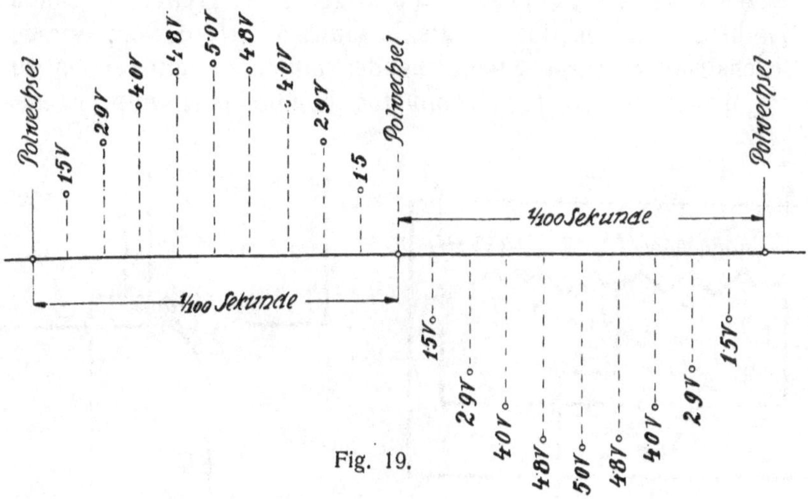

Fig. 19.

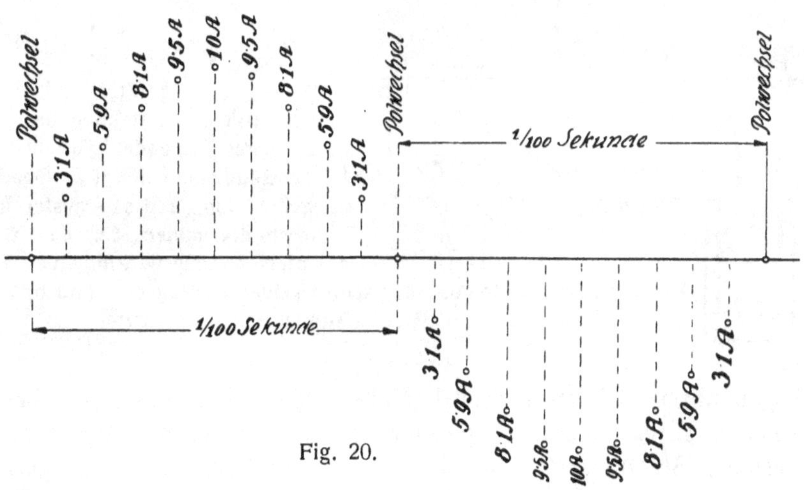

Fig. 20.

bekannten Transformatoren bedürfen als ruhende Apparate fast überhaupt keiner Wartung und seit ihrer Einführung bei uns durch die ungarischen Ingenieure Déri, Blathy und Zipernowsky hat die Elektrotechnik eigentlich erst ihren Siegeszug antreten können, in dessen Verlauf es dann auch gelang, für fast alle Anwendungen der Elektrizität zweckmäßige Einrichtungen zu schaffen, welche die ihnen zugeführten Wechselströme unmittelbar in mechanische Leistung, in Wärme oder in Licht umsetzen. Bloß wenn es sich um das Laden von Sammlerzellen, von „Akkumulatoren“, sowie um den Betrieb galvanotechnischer Bäder handelt, geht es unmittelbar mit Wechselströmen nicht und wir müssen dann eben entweder zum „Aggregate“ greifen, zu einem Maschinensatz der uns bereits bekannten Art, der aus einem Gleichstromgenerator entsprechender Spannung und einem zu ihm passenden Wechselstrommotor besteht oder müssen uns

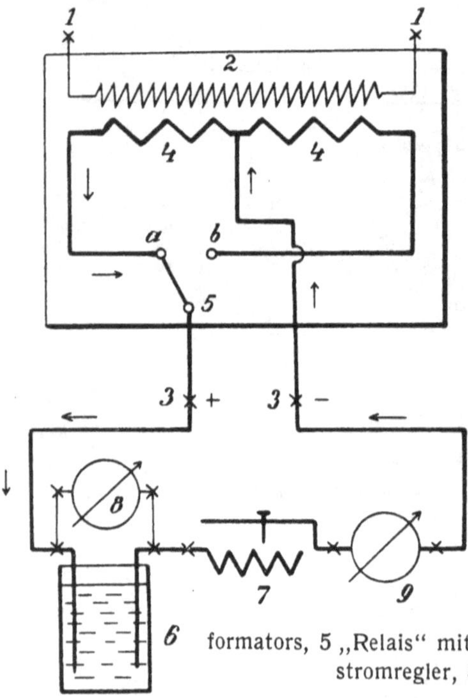

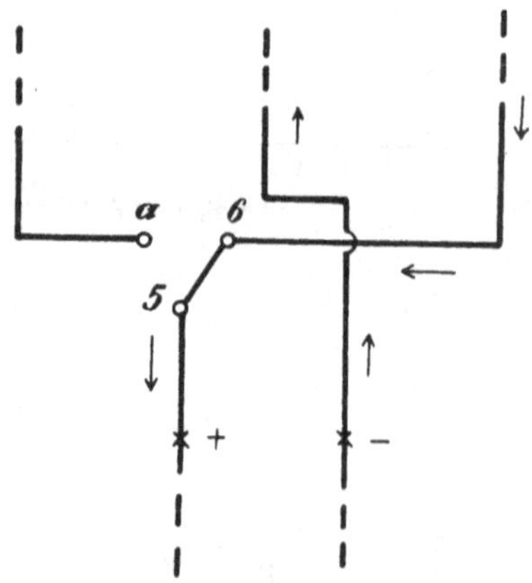

Fig. 21.
Uebersichtliche Darstellung der Schaltung eines „Pendel“-Gleichrichters. 1 Anschlußklemmen der Oberspannungswicklung, 2 des Transformators, 3 Anschlußklemmen für das Bad 6, 4 Unterspannungswicklung des Transformators, 5 „Relais“ mit seinen beiden Kontakten a und b, 7 Badstromregler, 8 Voltmeter, 9 Ampermeter.

sogenannter „Gleichrichter“ bedienen. Sie sind insbesondere bei solchen galvanotechnischen Anlagen am Platze, die nur ganz geringer Stromstärken bedürfen, wie zum Beispiel kleine Versilberungs- und Vergoldungseinrichtungen für Uhrmacher, Gold- und Silberschmiede. Ihnen ist ja zumeist mit Apparaten, die bei Spannungen von höchstens 8 Volt noch 10 Amper liefern, vollauf gedient, was ein guter „Pendel“-Gleichrichter ebenso wie ein „Quecksilberdampf“-Gleichrichter auch im Dauerbetriebe ja zuverlässig tut.

Zunächst enthält jeder Gleichrichter einen kleinen Transformator, dessen „Oberspannungswicklung" man als „primäre" Wicklung an das Netz anschließt, wobei an den Klemmen der „Unterspannungswicklung" eine „sekundäre" Spannung einer für uns passenden Größe entsteht. Das regelmäßige An- und

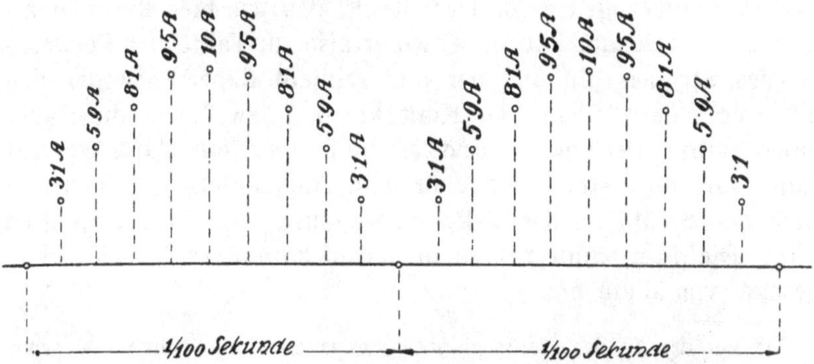

Fig. 22.

Abschwellen einer solchen Spannung bei 100 „Polwechseln" je Sekunde veranschaulicht Fig. 19. Die zwischen den Klemmen der „Sekundärwicklung" unseres Transformators auf- und abwogende Spannung treibt dann durch ein an diesen Klemmen angeschlossenes Bad einen Wechselstrom, dessen rhythmischen Aenderungen ungefähr in der durch Fig. 20 beschriebenen Art vor sich gehen. Mit einem derartigen Wechselstrome ist uns aber wegen seiner fortwährenden Richtungswechsel nicht gedient und ein „Pendel"-Gleichrichter enthält daher eine weitere Vorrichtung, nämlich ein „Relais", das gerade immer in dem Augenblicke umschaltet, in dem der Strom in der Sekundärwicklung des Transformators seine Richtung wechselt, so wie uns dies Fig. 21 erläutert. Besagtem Bade fließt also ein Strom zu, dessen zeitlichen Verlauf wiederum Fig. 22 weist und mit dem wir trotz seines ständigen Ab- und Zunehmens ohne weiteres mit gutem Erfolge arbeiten können. Wie nun ein solches Relais beschaffen sein mag, sollen die folgenden Ausführungen dartun[1]).

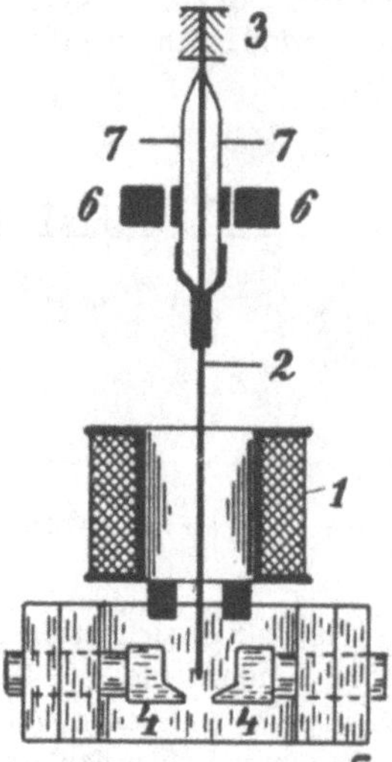

Fig. 23.

[1]) Fig. 23 stellt das Relais eines Kleingleichrichters der Elektrizitäts-Aktiengesellschaft Hydrawerk, Charlottenburg, schematisch dar.

Wenn (Fig. 23) seine Spule 1 von Wechselstrom durchflossen wird, macht sie das untere Ende der „Feder" 2 abwechselnd nord- und südmagnetisch, so daß es, ebenso abwechselnd, von den „Schuhen" 4 des starken stählernen Dauermagneten 5 angezogen wird. Das Stück, das wir hier kurzweg als „Feder" bezeichnet haben, schwingt also im Takte der Polwechsel des Stromes hin und her und schließt dabei entweder den einen oder den anderen der Kontakte 6, 7 jeweils für die Dauer einer halben Periode — und es muß eben nur dafür gesorgt sein, daß dies stets gerade in dem Augenblicke geschieht, in dem der Strom in der Sekundärwicklung der Transformators seine Richtung ändert [1]), denn darauf kommt es ja, wie schon gesagt, vor allem an.

[1]) Für den in der Elektrophysik — etwa als Radioliebhaber — schon bewanderten Leser bemerken wir, daß wir dies einfach mit Hilfe eines im Stromkreise der Relaisspule liegenden Kondensators erreichen, dessen „Kapazität" im Verhältnisse zu der „Selbstinduktion" der Spule richtig eingestellt ist. Da aber, wie ein solcher Leser ja ebenfalls weiß, in einem Leitungskreise mit Kapazität und Selbstinduktion die Verhältnisse sich ändern, wenn man mit Wechselströmen verschiedener Periodenzahl arbeitet, leuchtet ihm auch ein, daß ein Pendelgleichrichter nur beim Betriebe mit Wechselströmen jener Periodenzahl richtig anspricht, für die er einreguliert ist.

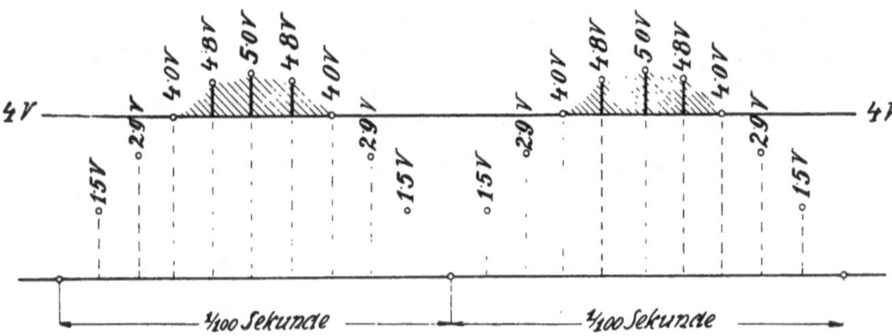

Fig. 24.

Handelt es sich übrigens nicht um den Betrieb eines galvanotechnischen Bades, sondern um das Laden einer Akkumulatorenbatterie, so dürfen wir weiter nicht übersehen, daß ihr erst dann Strom zufließen kann, wenn die Spannung zwischen den Anschlußklemmen des Gleichrichters eine höhere ist, als die „Gegenspannung" der aufzuladenden Batterie. Ist zum Beispiel dies letztere gerade 4 Volt (Fig. 24), so kommen offenbar nur die über 4 Volt liegenden schraffierten Teile der „Wellen" des „pulsierenden" Gleichstromes zur Wirkung und der Gleichrichter muß nun mit besonderen Einrichtungen ausgestattet sein, die das Oeffnen und Schließen seiner Kontakte jeweils gerade in diesen Augenblicken bewerkstelligen, in denen die Gegenspannung der aufzuladenden Batterie eben überschritten wird.

Zum gleichen Ergebnisse wie mit solchen „Pendel“- oder „Relais“-Gleichrichtern kommen wir nun mit den „Quecksilberdampf“-Gleichrichtern, deren Wirkungsweise darauf beruht, daß (Fig. 25) in dem mit Quecksilberdämpfen erfüllten Raume des luftleer gemachten Glasgefäßes G aus Gründen, die wir dahingestellt sein lassen wollen, der Strom nur von den „Anoden“ A_1 und A zur Quecksilberkathode K fließen kann, aber nicht umgekehrt. Zum Anlassen eines solchen Apparates bedarf es einer besonderen „Zündvorrichtung“, mit der zunächst etwas Quecksilber verdampft werden muß, während im arbeitenden Gleichrichter dann durch dessen Eigentätigkeit von selbst die nötige Menge Metalldampf entsteht. Die Schaltung des Gerätes für einfachen Wechselstrom weist uns Fig. 26.

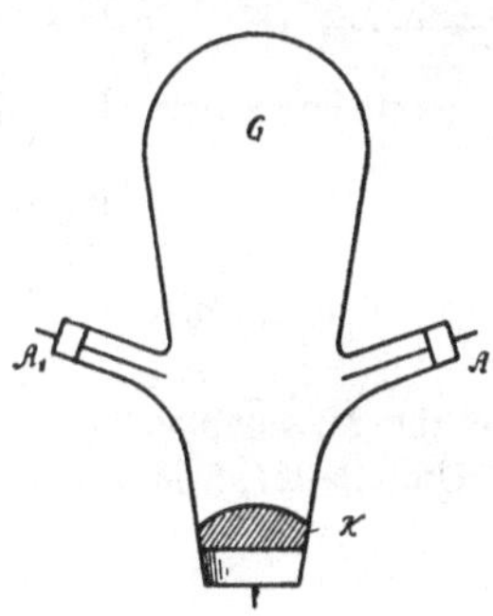

Fig. 25.

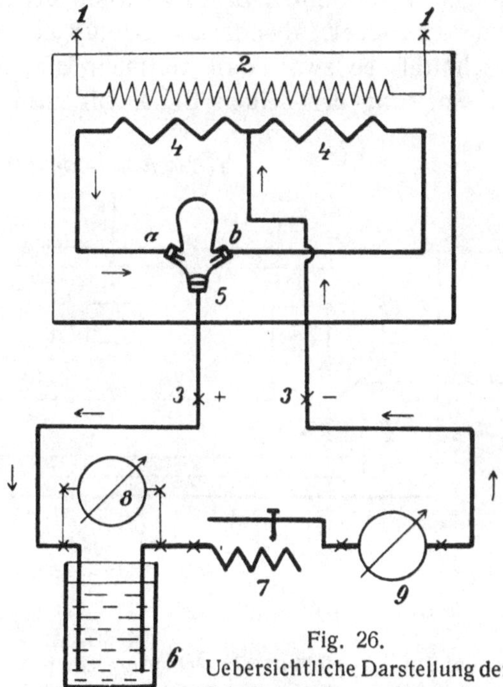

Fig. 26. Uebersichtliche Darstellung der Schaltung eines „Quecksilberdampf“-Gleichrichters. 5 die „Röhre“ mit den „Anoden“ a und b, Bedeutung der andern Ziffern die gleiche wie in Fig. 21.

Außer den Gleichrichtern, deren Wesen wir nunmehr ganz kurz besprochen haben, gibt es allerdings noch verschiedene andere Arten, die jedoch für die Galvanotechnik kaum Bedeutung haben und mit denen wir uns daher nicht weiter befassen.

Was nun die „Akkumulatoren“, die Sammlerzellen, anbelangt, brauchen wir den allgemeinen Ausführungen über diese Arbeitsbehelfe in den „Metallniederschlägen“ kaum etwas beizufügen, zumal die Art und Weise ihrer Behandlung dank den vorzüglichen Druckschriften der sie erzeugenden Fabriken, sowie der großen Verbreitung von Radiogeräten heute weiten Kreisen geläufig ist und für uns nach wie vor wohl nur die „Bleisammler" Bedeutung haben. Wie sie in unserem Fache zweckmäßig Verwendung finden mögen, erläutert dem Leser durch ein Beispiel Fig. 27, welche die Schaltung einer Anlage zur galvanoplastischen Herstellung von Nickelmatern (vgl. S. 65) zeigt. Die Bäder hängen an der einen Zelle, während der Generator tagsüber die andere aufladet. Abends, vor Schluß der Tagesschicht, wird umgeschaltet, so zwar, daß nunmehr die frisch aufgeladene Zelle die Speisung der beiden Bäder bis zum nächsten Abend über-

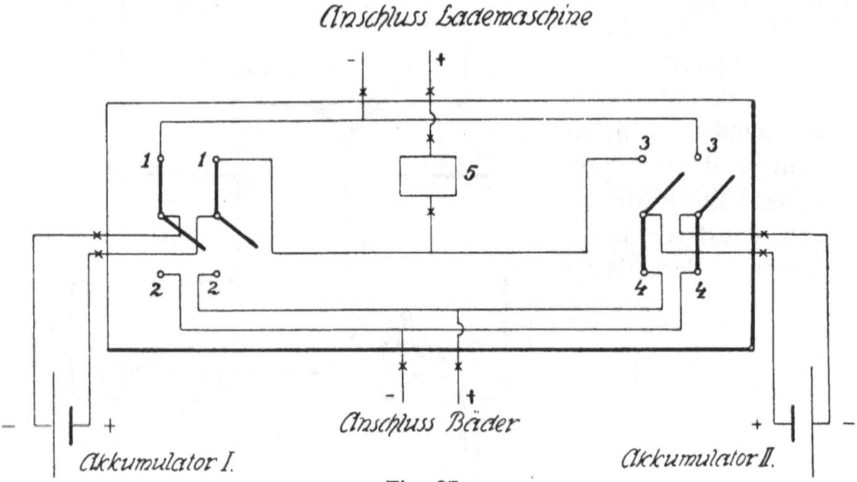

Fig. 27.
Vereinfachte Darstellung der Schaltung einer Anlage zur galvanoplastischen Herstellung von Nickelmatern; 1 1, 2 2 und 3 3, 4 4 Umschalter, 5 Minimalautomat.

nimmt, während die Zelle, die bisher Strom geliefert hat, am nächsten Morgen zum Wiederaufladen kommt, um dann am Abend wieder ihrerseits den Dienst anzutreten. Die „Kapazität" der Zellen ist so bemessen, daß jede von ihnen die Bäder während 55 Stunden mit Strom versorgen kann — also während der Zeit von Samstag mittags über den ganzen Sonntag bis Montag zum Umschalten bei Schichtschluß.

Nicht überflüssig wird es nun weiter sein, wenn wir die Gelegenheit benützen um den Leser wiederum etwas eingehender als es in den „Metallniederschlägen" geschehen ist, über die elektrischen Meßinstrumente zu unterrichten, deren sich die

Galvanotechnik bedient und zwar wollen wir zunächst die Spannungszeiger oder Voltmeter und die Strommesser oder Ampermeter besprechen.

Unter den Voltmetern, die für uns in Betracht kommen, unterscheiden wir zwei Arten, nämlich elektromagnetische und Drehspulenapparate. Fig. 28 erläutert uns zunächst die Einrichtung eines ganz einfachen elektromagnetischen Instrumentes. Wird die Spule a von Strom durchflossen, so zieht sie den Eisenanker b gegen ihre Wand und zwar um so weiter, je stärker der Strom in der Bewicklung der Spule, das heißt je höher die Spannung an ihren Anschlußklemmen ist. Die Einteilung der Skala wird durch praktische Versuche ermittelt und ist eine ungleichförmige — an ihrem Beginne liegen die Teil-

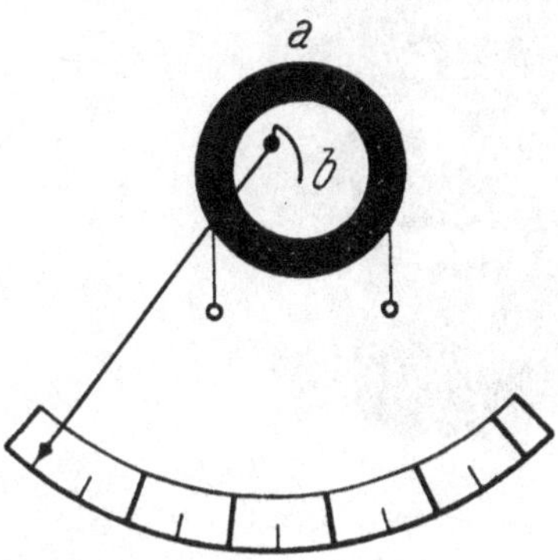

Fig. 28.

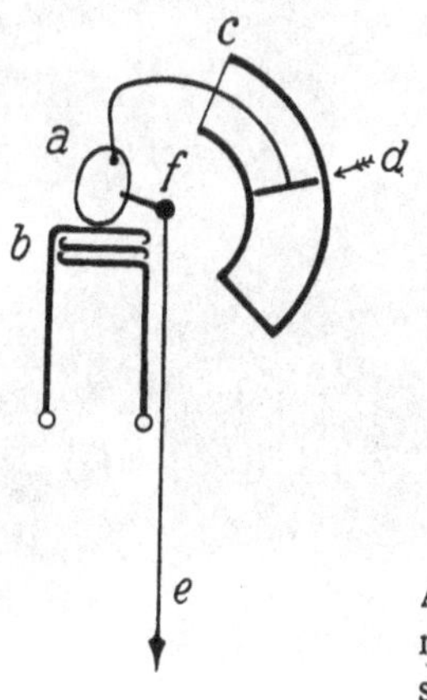

Fig. 29.

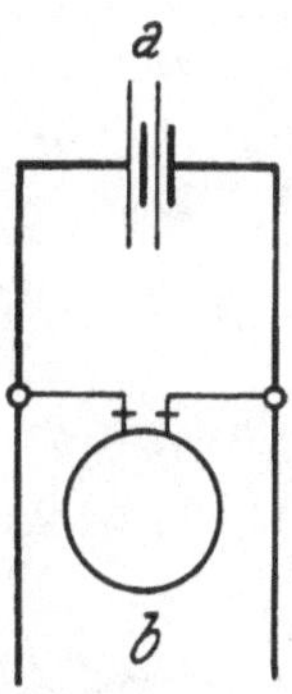

Fig. 30.
Anschluß des Voltmeters b zur Messung der Spannung der Stromquelle a.

striche weiter auseinander als in der Mitte und am Ende, wo sie am engsten beisammenstehen. Ein Voltmeter solcher Art leidet aber an dem Uebelstande, daß es nicht „gedämpft" ist, das heißt, der Zeiger stellt sich nicht gleich ruhig auf einen Punkt ein, sondern pendelt eine Weile hin und her. Dies wird zum Beispiel bei einem Voltmeter nach Siemens und Halske vermieden, dessen Einrichtung Fig. 29 weist. Die Spule b hat einen Spalt, in den das Eisenblech a um so mehr eintaucht, je stärker der Strom in der Spule, also wiederum die Spannung zwischen ihren Anschlußklemmen ist und der Zeiger e kommt rasch zur Ruhe, weil bei seiner Bewegung sich das Stück d in dem gebogenen, unten geschlossenen Rohre c mitbewegen muß, wobei es einen beträchtlichen Luftwiderstand findet. Jedoch auch dieses Instrument ist noch verhältnismäßig wenig empfindlich und verbraucht unter Umständen zuviel Strom. Wir dürfen ja nicht vergessen, daß wir bei der Messung der Spannung zwischen zwei Punkten eines Leistungskreises (Fig. 30) dem Strome einen neuen Weg durch das Meßgerät öffnen, den er früher nicht hatte und wenn dies nicht zu einer Aenderung der ganzen Verhältnisse und zu groben Irrtümern führen soll, darf offenbar der Teil des Stromes, den das Voltmeter selbst „verbraucht", nur ein verschwindend geringer Anteil des ganzen in Betracht kommenden Stromes sein. Diese Erwägungen haben zur Schaffung der „Drehspulen"-Instrumente

Fig. 31.
Drehspuleninstrument. Links die Enden des Stahlmagneten, a feststehender eiserner Kern, b die Drehspule, c Spiralfedern.

geführt, deren Bau uns Fig. 31 zeigt. Der Strom führende Teil, die Spule b, ist zwischen den Polen eines starken Stahlmagneten drehbar gelagert. Die Zuleitung des Stromes zu ihr vermitteln die Spiralfedern c, welche die Spule auch in die Ruhelage zurückzudrehen streben, aus der sie durch das Zusammenwirken der Kraftlinien abgelenkt wird, die einerseits von dem Stahlmagneten und anderseits von der von Strom durchflossenen Drehspule ausgehen (Fig. 32). Offenbar wird diese Ablenkung um so größer sein, je stärker der Strom in der Drehspule, das heißt je höher die Spannung zwischen den Klemmen des Voltmeters ist. Die Instrumente sind sehr empfindlich und außerdem ist ihre Skala eine gleichförmige, die Entfernung aller Teilstriche voneinander dieselbe. Den „Meßbereich" von Voltmetern erweitert man mit Hilfe von sogenannten „Vorschaltwiderständen". Nehmen wir zum Beispiele an, die Skala eines Drehspuleninstrumentes reiche bis 5 Volt, habe 50 Teile, so daß also jeder von ihnen 0,1 Volt bedeutet und der eigene Widerstand des Apparates sei W. Geben wir ihm nun einen Vorschaltwiderstand von der Größe 4 W, so ist (Fig. 33) der gesamte Widerstand der

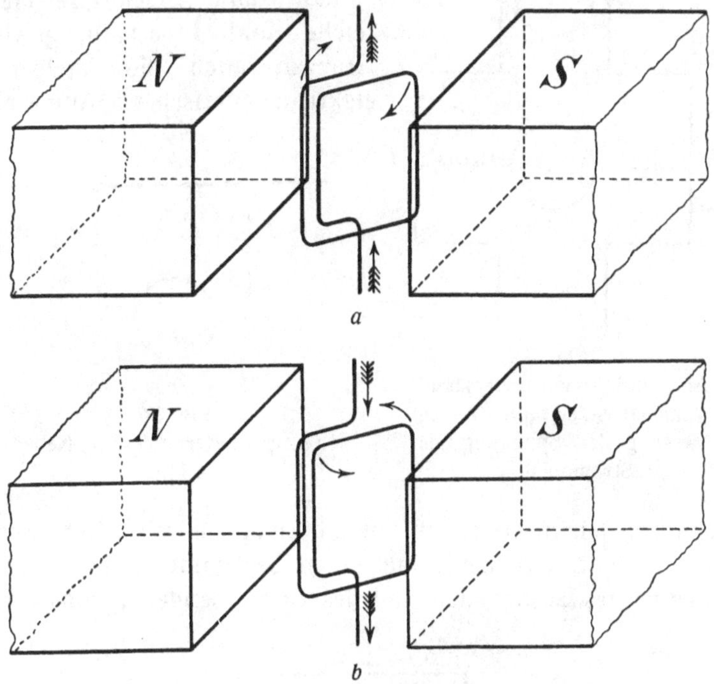

Fig. 32, a und b,
weist durch die nicht gefiederten Pfeile den Sinn der Ablenkung der Drehspule, wenn der Strom die durch die gefiederten Pfeile angedeutete Richtung hat.

Meßanordnung jetzt 5 W — das heißt jeder Teil der Skala entspricht jetzt 0,1 Volt × 5 = 0,5 Volt und ihr Ende nicht mehr 5 Volt, sondern 5 Volt × 5 = 25 Volt.

Auch bei den Ampermetern, mit denen wir uns befassen, unterscheiden wir elektromagnetische und Drehspulenapparate.

Läßt man den gesamten zu messenden Strom durch das Instrument gehen, so müssen selbstverständlich dessen Teile der ihnen zugemuteten Belastung entsprechend stark sein. Die Magnetspule eines elektromagnetischen Ampermeters wird also mit einem Drahte solchen Durchmessers bewickelt, daß die ihn durchfließenden Ströme ihn nicht zu stark erwärmen, ja bei solchen Ampermetern für größere Stromstärken mag die Bewicklung der Spule aus nur ganz wenigen Windungen dicken Kupferdrahtes oder Bandes bestehen. Daß Drehspuleninstrumente also unmittelbar nur zur Messung ganz geringer Stromstärken verwendet werden können, leuchtet wohl ein.

Man kann jedoch ihre Meßbereiche und innerhalb gewissser Grenzen auch die Meßbereiche elektromagnetischer Ampermeter

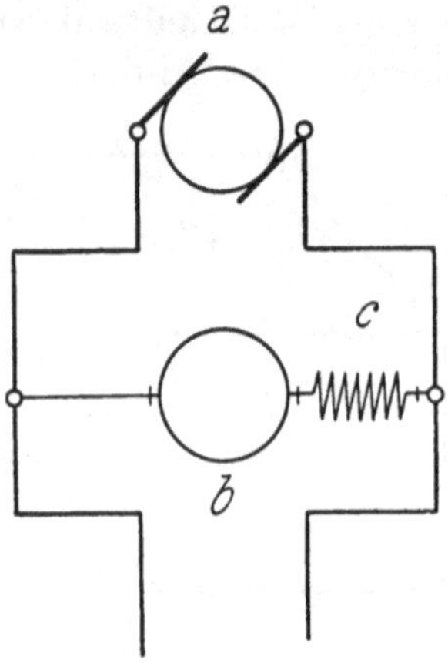

Fig. 33.
Anschluß des Voltmeters b mit Vorschaltwiderstand c zur Messung der Spannung der Stromquelle a.

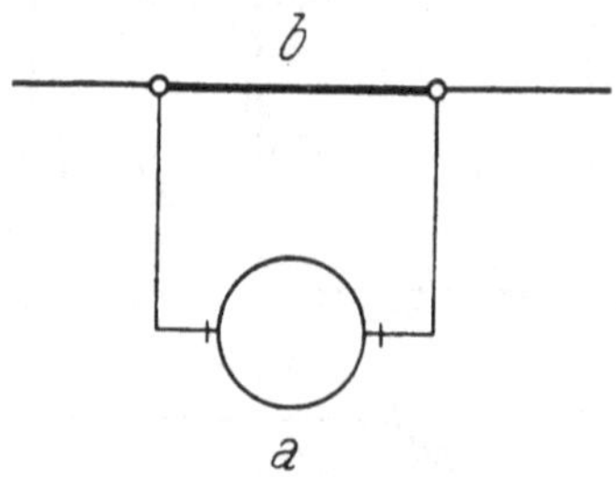

Fig. 34.
a Ampermeter, b dessen „Nebenschluß".

wiederum leicht erweitern, indem man sie mit „Nebenschlüssen" versieht, das heißt nur einen bestimmten, dem Bau des Instrumentes zusagenden Teil des zu messenden Stromes durch

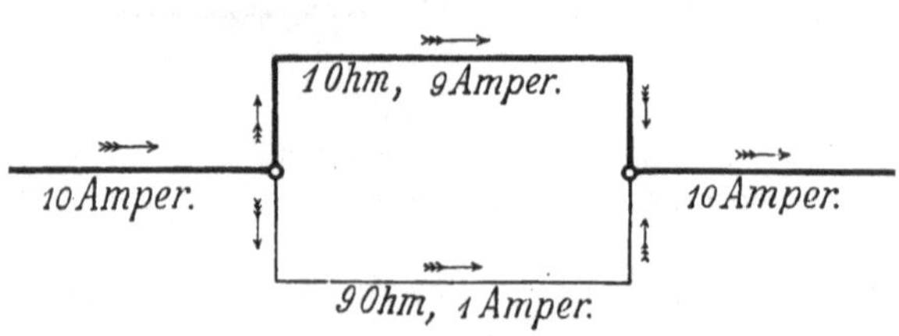

Fig. 35.

das Ampermeter gehen läßt, während der andere Teil seinen Weg durch den Nebenschluß nimmt (Fig. 34). Gabelt sich nämlich der Weg eines Stromes (Fig. 35), so stehen die Stärken der in den Leitungszweigen fließenden Ströme im umgekehrten Verhältnisse wie die Widerstände der Leitungszweige. Ist daher der Widerstand eines Ampermeters etwa neunmal größer als der Widerstand seines Nebenschlusses, so gehen durch diesen Nebenschluß 0.9 des zu messenden Stromes, während durch den eigentlichen Meßapparat bloß 0.1 fließt. Was man dann auf dessen Skala abliest, ist ja allerdings die Stärke dieses Zweigstromes — wir brauchen sie aber nur mit 10 zu multiplizieren, um die Stärke des gesamten zu messenden Stromes zu wissen. Zur Herstellung der Nebenschlüsse für Ampermeter dienen Bänder oder Streifen aus Metallegierungen, deren Widerstand möglichst unabhängig von ihrer Temperatur ist und zwar verwendet man bei Nebenschlüssen für hohe Stromstärken Bündel nebeneinander geschalteter Streifen oder Bänder solcher Art (Fig. 36). Die Nebenschlüsse können in das Gehäuse des eigentlichen Meßinstrumentes eingebaut werden oder, getrennt von ihm, auf der Schalttafel Platz finden.

Fig. 36.
Schalttafel-Drehspulenampermeter; rechts liegt sein „Nebenschluß".

Hier müssen wir aber auch noch einige Worte über die Messung der Stärke von Strömen aus Gleichrichtern sagen, deren Verlauf uns zum Beispiel Fig. 22 erläutert.

Es ist von vornherein klar, daß weder bei einem elektromagnetischen, noch bei einem Drehspulenampermeter der bewegliche Teil dem raschen Auf- und Abwogen der Stärke des Stromes folgen kann, der das Instrument gerade durchfließt — der Zeiger stellt sich vielmehr, leise zitternd, auf einen Wert ein, der geringer ist als die größte Stärke, die der Strom bei seinem regelmäßigen An- und Abschwellen erreicht. Welche Bedeutung dieser Einstellung für uns zukommt, ermittelt man nun durch einen Versuch, der uns aufzeigt, welche Stärke ein gewöhnlicher Gleichstrom haben müßte, um — etwa aus einem galvanoplastischen Kupferbade — in der gleichen Zeit dieselbe Metallmenge abzuscheiden wie unser „Wellenstrom". Mit der Stärke dieses gewöhnlichen Gleichstromes bezeichnet man den Punkt des Zifferblattes unseres Apparates, vor den sich sein Zeiger eingestellt hat. Solchermaßen führt man noch eine Reihe weiterer Eichversuche durch und teilt schließlich die Skala des Ampermeters ein, die aber dann — wohlgemerkt — nur für Wellenströme richtig ist, die ebenso oft und in gleicher Art je Sekunde ab- und zunehmen, wie derjenige, mit dem wir geeicht haben.

Das soeben Gesagte gilt selbstverständlich auch von einem Voltmeter, das zum Gebrauche bei einem Gleichrichter besonders geeicht ist [1]) und nun wollen wir schließlich noch elektrische Registrierinstrumente besprechen, deren Gebrauch für die galvanotechnische Werkstätte häufig von großem Nutzen ist, nämlich die sogenannten „Gewichtszähler", deren Zweck wir am besten an einem Beispiele erläutern.

Nehmen wir an, wir wollen auf 24 Eßlöffeln 90 g Silber niederschlagen, und hiebei mit der einem gewöhnlichen ruhenden Silberbade entsprechenden Stromdichte von rund 0,3 Amper arbeiten. Zunächst müssen wir dann bedenken, daß sich ja Silber nicht nur auf den Löffeln niederschlagen wird, sondern auch auf den Drähten mit denen wir sie einhängen — wir müssen also, um auf die Ware wirklich die gewünschten 90 g Edelmetall zu bekommen, etwa um 2% mehr, im ganzen also rund 92 g abscheiden. Da weiter die Fläche eines unserer Löffel rund 1,2 dm^3 ist, entsprechen 24 Stücke einer Fläche von 1,2 $dm^3 \times 24 =$ 28,8 dm^3, das heißt, wir müssen den dem Bade zufließenden Strom auf 0,3 Amper $\times$ 28,8 = rund 8,7 Amper einstellen, da wir ja eben mit einer Stromdichte von 0,3 Amper arbeiten wollen. Wie lange wir diesen Strom wirken zu lassen haben, ergibt schließlich die fol-

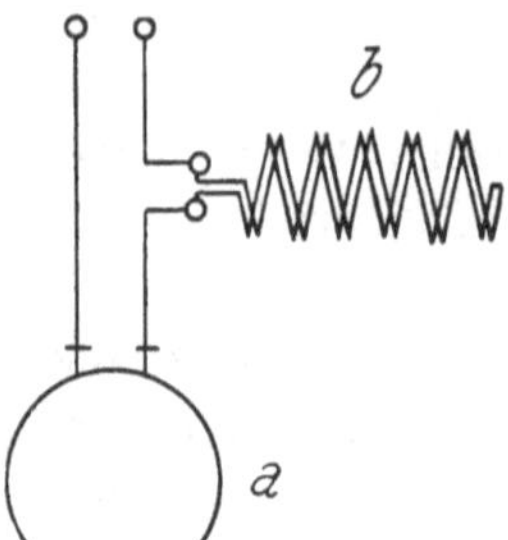

Fig. 37.
a Voltmeter, b „bifilar" gewickelter Vorschaltwiderstand.

[1]) Vorschaltwiderstände für die Erweiterung des Meßbereiches von Voltmetern für Messungen solcher Art pflegt man „bifilar" zu wickeln (Fig. 37), um sie so frei von „Selbstinduktion" zu machen.

gende einfache Rechnung. Da ein Strom von 1 Amper Stärke in 1 Stunde 4,019 g Silber niederschlägt, scheidet ein solcher von 8,7 Amper offenbar in 1 Stunde 4,019 g × 8,7 = rund 34,97 g Silber ab — da wir aber 92 g fällen wollen, bedarf es hiezu der Zeit von 92 : 34,97 Stunden = rund 2,63 Stunden.

Eine einfache Probe lehrt uns, ob unsere Rechnung richtig ist. Es sind:

8,7 Amper × 2,63 Stunden = rund 22,9 Amperstunden und

4,019 g × 22,9 = rund 92 g

welche Menge Silber wir ja auf die Löffel bringen wollen. Diese Probe zeigt uns aber auch, wie gute Dienste uns ein Instrument leisten wird, an dem wir ohne Rechnung die unserem Bade zugeführten „Amperstunden" ablesen können, also zum Beispiel ein passender „Stiazähler"; Einrichtung und Wirkungsweise dieser heute so verbreiteten Geräte dürfen wir als bekannt annehmen. Naheliegend ist es, dann noch einen Schritt weiterzugehen und neben die Teilstriche der Skala des Zählers gleich hinzuschreiben, welchen Mengen niedergeschlagenen Silbers die bei diesen Teilstrichen vermerkten Amperstunden entsprechen oder auf der Skala für unsere Zwecke überhaupt nur mehr Metallmengen anzugeben. Damit sind wir aber beim „Gewichtszähler" angelangt, dessen Zweckmäßigkeit nach den vorstehenden Darlegungen wohl keiner weiteren Erläuterung mehr bedarf. Besonders elegant ist eine Anordnung der Langbein-Pfanhauser-Werke A.-G., Leipzig-Wien, die mit einem „Motorzähler" ausgestattet ist. Er ist so eingerichtet, daß man auf ihm vor Beginn der Arbeit genau das Silbergewicht einstellen kann, das man einen bestimmten Warenposten zuführen will, worauf er, wenn diese Metallmenge tatsächlich niedergeschlagen ist, selbsttätig den Strom zum Bade unterbricht, wobei gleichzeitig eine Glocke ertönt und eine Signallampe aufleuchtet. Außerdem registriert das Instrument noch die gesamte Silbermenge, die während einer bestimmten Zeit, etwa während eines Monates, gefällt worden ist, so daß diese Angabe, zusammengehalten mit dem Gewichte der Anoden zu Beginn und zu Ende des Monates, sowie den Silbergehalten des Bades zu diesen Zeiten uns einen vollständigen Ueberblick gibt, ob denn auch alles mit rechten Dingen zugegangen ist. — —

Wenn wir jetzt auch unsere Darlegungen über die Meßgeräte abschließen, erübrigt uns nur noch, hier, im Rahmen von ergänzenden Erläuterungen über die elektrotechnischen Arbeitsbehelfe des Galvanotechnikers der „Badwärmer" zu gedenken, wobei wir uns ganz kurz fassen mögen.

Sie sind nichts anderes, als dem zu heizenden Bade angemessen große „Tauchsieder", deren Mantel selbstverständlich aus einem Stoffe bestehen muß, welcher von dem zu erwärmenden Elektrolyten nicht angegriffen wird. Besonderes Gewicht ist darauf zu legen, daß ihre beim Gebrauche unter Netzspannung stehenden Teile ja zuverlässig jeder Berührung entzogen sind, weshalb man sie denn auch nur bei einer im Fache erfahrenen Firma einkaufen und sich vor allen Eigenerzeugnissen hüten soll. Elektrische Badwärmer müssen im Sinne der „Sicherheitsvorschriften" sorgfältig geerdet werden.

Praktischer Teil.

Die Galvanostegie.

I. Die vorbereitende Arbeit.

(Zu S. 64—85 der „Metallniederschläge".)

Auch hier müssen wir darauf verzichten, uns mit der Scharfschleiferei zu befassen oder mit jenen Arbeitsweisen, die wir in den „Metallniederschlägen" unter der Bezeichnung „Spezialschleiferei" zusammengefaßt haben — wir beschränken uns also darauf, einige besonders wichtige Ausgestaltungen der Verfahren zu erläutern, die unmittelbar der Vorbereitung metallener Werkstücke für die Elektroplattierung dienen.

Sehen wir uns nun in gut eingerichteten Werkstätten unseres Faches um, so wird uns unter anderem die heute recht häufige Verwendung besonders zubereiteter heißer, laugenhafter Entfettungslösungen, sowie von elektrolytischen Dekapierbädern auffallen, die man insbesondere zum postenweisen Reinigen von eisernen Massenwaren mit gutem Erfolge verwendet, dann aber auch mit der löblichen Absicht, bei der Entfernung des „Schleiferschmutzes" von den Werkstücken wo nur irgend möglich die Arbeit mit Petroleum und Benzin zu umgehen [1]).

Was nun zunächst die soeben erwähnten Entfettungslösungen anbelangt, verwendet man sie, wie schon gesagt, heiß und zwar in eisernen Gefäßen, deren Größe selbstverständlich den besonderen Verhältnissen angepaßt sein muß — es kommen also sowohl Kochtöpfe aus Eisenblech in Betracht, die man dann ein-

[1]) Ist dies nicht möglich, dann soll man sich wenigstens der für solche Arbeiten besonders eingerichteten Waschtische bedienen, bei denen Vorkehrungen dagegen getroffen sind, daß die ganze Menge des in ihnen verwahrten Benzins in Brand geraten kann. Ueber die Vor- und Nachteile der nicht brennbaren Stoffe Tetrachlorkohlenstoff, Trichloräthylen und Tetrachloräthan sind die Meinungen so geteilt, daß wir sie hier ebensowenig erörtern wollen, wie die für ihre Verwendung ersonnenen Apparate.

fach auf einen Gaskocher stellen mag, als auch bis zu mehreren Metern lange genietete oder „autogen“ geschweißte Wannen. Deren Inhalt erwärmt man wohl stets am besten mit von Dampf oder heißem Wasser durchströmten eisernen Rohrschlangen, wenn es nicht die örtlichen Verhältnisse gebieten, den Behälter in einem Herdaufbau mit Holz-, Kohlen- oder Gasfeuerung einzumauern. Letztere ist ja sicherlich ungemein sauber und bequem, immerhin heißt es zuerst sehr genau rechnen, bevor man sich zu ihrer Einführung entschließt! Zur Erzeugung von Heizdampf für unsere Zwecke erhält man übrigens heute recht handliche sogenannte „Zwergkessel“, die bei ihrem geringen Wasserinhalte und einem Arbeitsdrucke von höchstens 0,5 Atmosphären ohne weiteres im Werkstättenraume selbst aufgestellt werden können und zu deren Wartung es eines geprüften Heizers nicht bedarf.

Auch die elektrolytischen Dekapierbäder verwendet man in eisernen Wannen, deren Wände dann auch gleich die Anoden bilden — besser ist es jedoch, als solche vernickelte Eisenbleche passender Größe einzuhängen. Die Stromdichte an den mit dem negativen Pole der Dynamo verbundenen Waren kann eine recht beträchtliche sein, bis zu 5—6 Amper. Am elegantesten ist es daher, insbesondere wenn es sich um ein größeres Dekapierbad handelt, ihm eine eigene Dynamomaschine zu geben, bei welcher Anordnung man weder einen Badstromregler noch ein Voltmeter braucht, sondern bloß ein Ampermeter, an dem man ersieht, ob die Dynamo beim Betriebe nicht überlastet wird.

Zur Bereitung der nunmehr besprochenen Entfettungslösungen und Dekapierbäder werden heute so zweckmäßige, aus Aetzalkalien und Wasserglas mit verschiedenen Zusätzen zur Erhöhung ihrer Wirkung aufgebaute Präparate in den Handel gebracht, daß wir davon absehen können, Vorschriften zu ihrer Herstellung anzugeben. Der Entfettungslösungen kann man sich, verdünnter als zur Reinigung eiserner Teile, auch zur Bearbeitung von Waren aus Messing, Kupfer oder Bronze bedienen, während man elektrolytische Dekapierbäder im allgemeinen wohl nur zur Säuberung eiserner Werkstücke benützt. Eine besondere Art enthält Kupfer, das dann, schön rosenrot, in ganz dünner Schicht auf den eingebrachten Gegenständen anfällt und einen guten Uebergang zu einer Nickelplattierung bildet. Als Anoden hängt man Kupferbleche ein, allenfalls aber auch, wie bei den gewöhnlichen Dekapierbädern, Eisenbleche. Dann verarmt aber das Bad bald an Kupfer und man muß ihm daher solches zeitgerecht durch Zugabe geeigneter Stoffe, etwa von Zyankupferkalium, wieder zuführen. Am besten ist es jedenfalls, sich an die Vorschriften zur Behandlung des Elektrolyten zu halten, die man von der Lieferfirma bekommen hat und nicht aufs Geratewohl an ihm herumzudoktern, wenn er einmal seinen Dienst versagt.

Ebenso nützlich wie die Entfettungslösungen und die elektrolytischen Dekapierbäder sind uns für unsere Vorbereitungsarbeiten Naßscheuerverfahren geworden, zu deren Durchführung man zweckmäßige Geräte erbaut und die mannigfachsten Stoffe herangezogen hat. Als solche Geräte dienen uns wasserdichte „Fässer“, „Glocken“ und „Trommeln“ aus Holz und Eisen und

Fig. 38.
Ein- und mehrfächerige hölzerne Trommeln für das Kugelpolierverfahren.

als Scheuermittel mögen, je nach der Beschaffenheit der zu verarbeitenden Waren, mit Lauge, Sodalösung oder einer von den besprochenen Entfettungsbrühen durchfeuchtete kleine Kiesel, Quarzsand oder Bimssteinpulver in Betracht kommen. Allenfalls kann man diese Stoffe, statt sie mit einer laugenhaften Flüssigkeit zu versetzten, auch mit Wienerkalk und Wasser mischen und dieser Mischung dann noch Sägespähne beifügen — häufig hat sich auch ein Brei von sogenanntem „Stahlsand“ oder „Polierschrot“, Wienerkalk und Wasser gut bewährt.

Sind die, wenn nötig erst einmal vorgebeizten Waren durch das Rollen und Tummeln in solchen Scheuermitteln völlig von Zunder und Rost befreit, so kann man sie dann noch in den „Kugelpoliertrommeln“ (Fig. 38, 39) auf einen schönen Glanz bringen. In ihnen schurren die zu bearbeitenden Stücke in Stahlkugeln passenden Durchmessers, benetzt von Lösungen besonderer Präparate. Der Durchmesser der Stahlkugeln muß der Ge-

Fig. 39.
Eiserne Trommel mit Rädervorgelege für das Kugelpolierverfahren.

stalt der zu polierenden Gegenstände entsprechen, so zwar, daß sie wirklich an allen Teilen der Oberfläche angreifen können (Fig. 40) und sich nicht festklemmen oder Löcher verschließen,

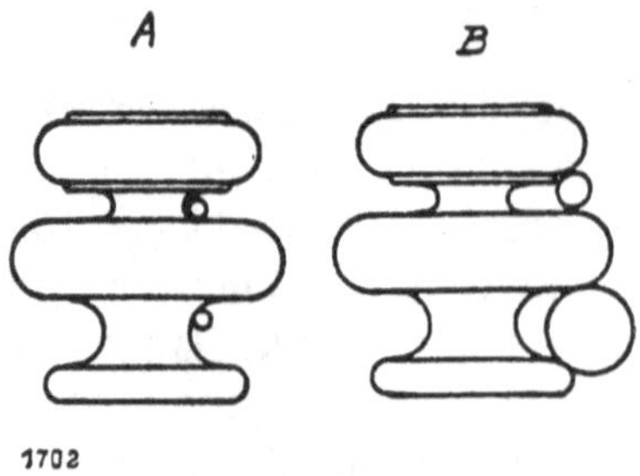

Fig. 40.
A richtig gewählte, B zu große Kugeln.

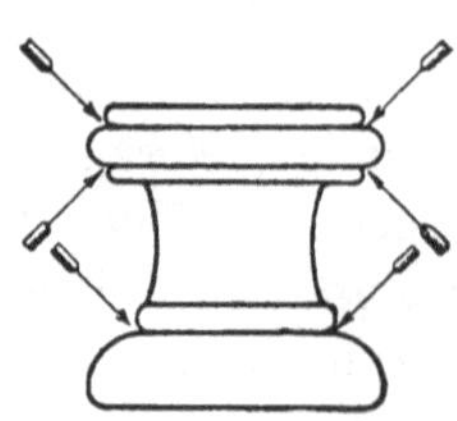

Fig. 41.
Die Pfeile weisen auf die nur von Stiften zu bestreichenden Stellen.

aus denen sie nur schwer zu entfernen sind. Manchmal wird es am Platze sein, eine Mischung kleinerer und größerer Kugeln zu verwenden und ihnen überdies noch Stahlstifte beizugeben, deren Enden auch enge Fugen und Ecken bestreichen können (Fig. 41). Damit sich schließlich größere und daher auch schwerere Teile nicht gegenseitig zerschlagen, setzt man sie in Gestellen fest in die Trommeln ein, so daß die vorbeigleitenden Massen von Stahlkugeln und Stiften sich an ihnen reiben.

Wichtig ist, wie schon bemerkt, die treffende Wahl der Größe der Kugeln und Stifte, dann aber auch deren Härte, ferner des Verhältnisses zwischen der Menge der Kugeln und der in die Trommeln eingebrachten Gegenstände und schließlich der Polierflüssigkeit. Dazu bedarf es schon einiger Erfahrung und es ist sicherlich ratsamer, gleich an der richtigen Stelle anzufragen, als sein eigenes Können zu überschätzen und Anschaffungen zu machen, die dann nur Enttäuschungen bringen [1].

Der Sandstrahlgebläse haben wir ja in den „Metallniederschlägen" bereits gedacht, so daß wir uns hier darauf beschränken, auf die großen Fortschritte zu verweisen, die in den letzten Jahren auch beim Baue dieser Arbeitsbehelfe gemacht worden sind und wir wollen somit unsere ergänzenden Ausführungen über die vorbereitenden Arbeiten der Galvanotechnik mit einigen Worten über die „Brennen" schließen.

Nach wie vor sind sie uns ja unentbehrlich, nach wie vor aber auch die Schmerzens- und Sorgenkinder, insbesondere in kleineren Betrieben, wo sie nicht nur deren Inhabern viel Kopfzerbrechen machen, sondern auch vom Gewerbeinspektor scheel angesehen werden. Wie man eine Brenne unter sorgfältiger Berücksichtigung der örtlichen Verhältnisse richtig anlegt, damit nicht ihr entströmende Dämpfe die Werkleute belästigen und an ihrer Gesundheit schädigen, ist oft eine recht schwer zu lösende Frage — jedenfalls soll stets dafür gesorgt sein, daß diese Dämpfe vollständig entfernt werden, noch bevor sie in den Arbeitsraum entweichen können, ebenso für eine vollständige Entsäuerung der Spülwässer. Stehen ausreichende Mittel zur Verfügung, dann kann man ja allerdings mit Hilfe eines leistungsfähigen Exhaustors aus Steinzeug oder Holz eine Brenne sogar so ausgestalten, daß sie ohne Schutzdach frei im Elektroplattierraume selbst stehen mag, ohne sich auch nur im geringsten unangenehm bemerkbar zu machen.

---

[1]) Eine ganz vorzügliche Veröffentlichung über das Kugelpolierverfahren, die sich mit allen Einzelheiten des Arbeitszweiges befaßt, findet der Leser im Bücherverzeichnis angeführt.

II. Die Bäder und ihre Anwendung.

(Zu S. 85—135 der „Metallniederschläge".)

Im Sinne der Erwägungen, die bei der Abfassung des vorliegenden Buches maßgebend waren, wollen wir ja stets so vorgehen, daß sich unsere Darlegungen den entsprechenden Abschnitten in den „Metallniederschlägen" als Ergänzungen anfügen und behalten daher die in diesem Werke angenommene, auch in der Praxis stets bewährte grundsätzliche Einteilung für die Bäder bei. Wir unterscheiden also wiederum:

Häufig gebrauchte Bäder, bei deren Herstellung man wenigstens in der Regel, Zyanverbindungen nicht verwendet:

1. Chrombäder,
2. Nickel- und Nickel-Kobaltbäder,
3. „Saure" Zinkbäder,
4. Saure Kupferbäder.

Häufig gebrauchte Bäder, bei deren Herstellung man in der Regel Zyanverbindungen verwendet:

5. Alkalische Zinkbäder,
5. Zyankalische Kupferbäder,
7. Kadmiumbäder,
8. Messing-, Tombak- und Bronzebäder,
9. Silberbäder,
10. Goldbäder, sowie Grüngold-, Rotgold- und Weißgoldbäder.

In der Galvanostegie seltener gebrauchte Bäder:

11. Eisenbäder,
12. Kobaltbäder,
13. Bleibäder,
14. Zinnbäder,
15. Arsenbäder,
16. Antimonbäder,
17. Platinbäder,
18. Palladiumbäder.

In dieser Aufzählung finder nun der Leser einige Bäder, deren in den „Metallniederschlägen" überhaupt nicht gedacht ist oder an einer anderen Stelle der Reihe, da sie zur Zeit des Erscheinens dieses Werkes eben überhaupt nicht benutzt wurden — zum mindesten nicht die ihnen heute zukommende Bedeutung hatten — das sind die Chrombäder, sowie im Zusammenhange mit ihnen die sauren Kupferbäder, dann die Nickel-Kobaltbäder und schließlich die Kadmiumbäder. Bevor wir aber auf ihre Besprechung eingehen und das vorbringen, was an Ergänzungen

Fig. 42.
Trommelapparat, links mit gehobener, rechts mit ins Bad eingesenkter Trommel.

zu den Ausführungen der „Metallniederschläge“ über die Elektrolyte der Galvanostegie zu sagen ist, müssen wir uns auch hier mit den Apparaten befassen, in denen wir unsere Arbeiten vornehmen, sowie mit den Neuerungen an ihnen, die wiederum darauf abzielen, an Handarbeit und Zeit zu sparen und, wo nur irgend möglich, Massengüter in größeren Posten oder im „Fließgange“ zu bewältigen.

Fig. 43
Faßapparat.

Betrachten wir zunächst einmal die jetzt schon recht bekannten „Galvanisiertrommeln“, dann die „Faß“- und „Glocken“-Apparate und schließlich die „Schaukeln“. Diese Arbeitsbehelfe, deren Wirkungsweise und Aussehen uns die Fig. 42, 43, 44 erläutern, dienen der Anfertigung kleinstückiger, nicht sperriger Warensorten, die in ihnen durcheinanderschurren. Sie können bei solchen Gegenständen mit entsprechend zusammengesetzten Elektrolyten eigentlich für alle Elektroplattierungen verwendet werden, nur nicht für das Verchromen, das leider bis jetzt in ihnen nicht möglich ist. Man arbeitet im allgemeinen am besten in der Art, daß man nach Fertigstellung eines Postens das Gut aus dem Behälter des Massenapparates auf ein Sieb fallen läßt, auf dem es liegen bleibt, während der Elektrolyt durch seine Maschen abläuft, um selbstverständlich wieder verwendet zu

Fig. 44.
Tischglockenapparat.

werden. Bei einem Trommelapparate wird man also zum Beispiel das Sieb unter die hochgezogene Trommel gleich auf den Badtrog selbst setzen, die Trommel dann so drehen, daß ihre Oeffnung über dem Siebe steht, ihren Deckel entfernen und sie ausräumen — bei größeren Faß- und Glockenapparaten dagegen kommt das Sieb auf ein Vorratsgefäß für den Elektrolyten, das vor dem betreffenden Apparate steht, so daß beim Neigen seines Behälters dessen Inhalt auf das Sieb rollt und fließt — bei ganz kleinen, den sogenannten „Tischglockenapparaten", hebt man schließlich den Behälter aus seinem Sitze und entleert ihn von Hand auf das Sieb. Im besagten Siebe kann man dann die Ware auch gleich ein erstes Mal gründlich spülen, bevor man sie weiter verarbeitet.

Während also die soeben erläuterten Trommeln, Glocken und Fässer vor allem der Elektroplattierung kleinstückiger Gegenstände dienen, verwendet man dorten, wo es sich um die Be-

Fig. 45.

wältigung bedeutender Mengen größerer Stücke handelt, also etwa von Teilen von Fahrrädern oder von Kraftfahrzeugen, heute gerne sogenannte „Wanderbäder" oder voll selbsttätige Fließanlagen. Ein Wanderbad (Fig. 45) besteht aus einem Badtroge passender Länge — meist von 3—5 m — über dem sich eine Förderkette befindet, so zwar, daß die Waren zwischen drei Reihen von Anoden durch die Badflüssigkeit geführt werden, wie es Fig. 46 erläutert. Der Bedienungsmann steht an der Stelle a vor dem Bade und nimmt ständig die nach einem Umgange fertige Ware von der Fördereinrichtung ab, um an die freigewordene Stelle gleich andere zu hängen. Solchermaßen fügt sich das Wanderbad als eine Schleife in den Arbeitsgang ein, in dem die Ware an anderen Stellen vorbereitet und nachbehandelt wird, während eine „Fließanlage" (Fig. 47) eine gerade Straße ist, auf der nicht nur das Elektroplattieren, sondern auch die vorbereitende, sowie die Vollendungsarbeit bis zum Trocknen voll selbsttätig erledigt wird.

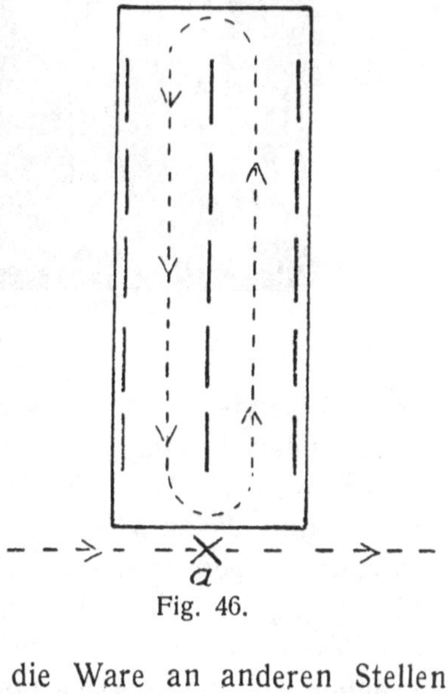

Fig. 46.

Sowohl bei den Wanderbädern, wie auch bei den Fließanlagen darf nun das Elektroplattieren selbst höchstens etwa 30 Minuten dauern, denn sonst würde man ja offenbar ganz unverhältnismäßig lange Bäder aufstellen müssen — das heißt mit anderen Worten, man muß mit bedeutend höheren Stromdichten arbeiten als den in „ruhenden“ Bädern gebräuchlichen. In Wanderbädern und Fließanlagen und ebenso in den sogenannten „Hochleistungsbädern“ ohne Fördereinrichtungen, also für postenweise Beschickung, geht man heute beim Vernickeln auf Stromdichten von 2,5—3 Amper, was durch die Verwendung besonders zubereiteter, erwärmter, ständig bewegter und ständig oder zum mindesten in kurzen Zeitabständen filtrier-

Fig. 47.

ter Elektrolyte möglich geworden ist. Die Filtration soll aus der betreffenden Lösung alle mechanischen Verunreinigungen entfernen, die allenfalls die Bildung rauher Niederschläge verursachen und die ständige Bewegung soll für eine stete Durchmischung sorgen, so daß in der Umgebung der Ware niemals eine Verarmung an Metall eintreten kann.

Was zunächst die Erwärmung solcher Bäder anbelangt, knüpfen wir an die Darlegungen der S. 36 an. In den meisten Fällen wird wohl auch hier zum Anschlusse einer Dampfschlange die Aufstellung eines „Zwergkessels“ das Beste sein, den man entweder mit Kohle oder, wo es dessen Wohlfeilheit zuläßt, noch eleganter mit Leuchtgas betreibt; Oelfeuerungen scheinen sich dagegen für solche kleine Kessel nicht zu bewähren. Wo billiges Leuchtgas zur Verfügung steht, kommt auch die Heizung von Bädern mit Rohrschlangen, die von heißem Wasser durchflossen werden, in Betracht, wobei man das heiße Wasser Apparaten, ähnlich den bekannten Gasbadeöfen entnimmt.

Sowohl eine Dampfschlange als auch eine solche für heißes Wasser muß aber jedenfalls gegen einen Angriff durch die Lösung, welche sie erwärmt, genügend widerstandsfähig und ferner so angeordnet sein, daß sie beim Ein- und Aushängen von Waren und Anoden nicht beschädigt werden kann. Für Nickelbäder zum Beispiele wird man deshalb wohl stets Schlangen aus Blei oder „Hartblei", einer Legierung von Blei mit Antimon, verwenden, für stark alkalische Elektrolyte dagegen solche aus Eisen. Schließlich darf man nicht vergessen, in diese Schlangen, dorten wo sie in die Bäder ein- und austreten, Stücke einzusetzen, die den Strom nicht leiten, da sich dieser sonst Nebenwege sucht, auf denen er uns recht lästig wird. Für gewöhnlich wird man mit Abschnitten eines mit Leinwand verstärkten Gummischlauches passender Weite das Auslangen finden. Zu bemerken wäre noch, daß die eben erwähnte Erwärmung mit heißem Wasser, das aus einem Gasapparate durch eine Rohrschlange fließt, sich oft auch recht gut für kleinere Bäder eignet — für solche mit einem Inhalte bis etwa 300 l mag man übrigens, wenn es ihre Beschaffenheit zuläßt, emaillierte Gefäße aus Gußeisen oder Blech verwenden (S. 47), die man dann auf einen Gasherd stellt oder in einen besonderen Ofen einbaut, wie es ja auch bereits auf S. 36 besprochen worden ist, während wir der elektrischen Badwärmer schon auf S. 32 gedacht haben.

Was nun weiter die Filtration der Elektrolyte von Fließanlagen, Wander- und Hochleistungsbädern anbelangt, verwendet man für diese Arbeit Filter aus Seidengaze, sogenannter „Müllergaze" oder aus Wollflanell, in welche die zu reinigenden Lösungen mit besonderen Pumpen (Fig. 48), allenfalls auch mit durch Preßluft betriebenen Heberapparaten befördert werden und aus denen sie rein in die Badgefäße zurücklaufen. Die Filter befinden sich in besonderen Kasten neben den Bädern, wie es eben Fig. 48 zeigt oder sie sind gleich laut Fig. 49 in die Bäder selbst eingebaut. Eine eingehendere Besprechung der technischen Einzelheiten solcher Filtereinrichtungen, deren richtige Anordnung und Handhabung von der größten Bedeutung ist, soll dahingestellt bleiben — betonen wollen wir nur, daß man selbstverständlich die Filter öfters ausheben, entleeren, gründlich auswaschen und für ihre zeitgerechte Erneuerung sorgen muß.

Fig. 49 zeigt uns nun auch gleich eine Art der Bewegung von Badlösungen, nämlich die durch das Einblasen von Luft. Sie perlt, geliefert von einem Gebläse oder einer Luftpumpe,

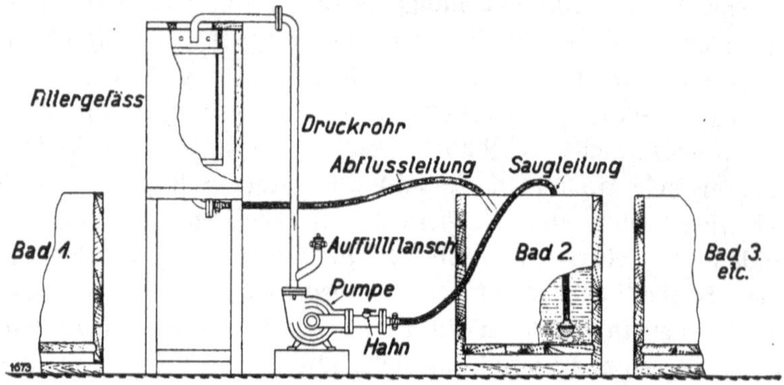

Fig. 48.

einem „Kompressor“, in Blasen aus den Löchern einer Schlange, die nahe über dem Boden des betreffenden Troges angeordnet ist. Wo das Einblasen von Luft nicht zulässig wäre, müssen mechanische Rührwerke vorgesehen werden oder man „rüttelt“ die Ware im Elektrolyten, indem man durch besondere Einrichtungen die Stangen, an denen sie hängt, hin- und her oder auf und ab bewegt. Bei Wanderbädern und Fließanlagen, bei denen ja die Werkstücke ohnehin durch den Elektrolyten geführt werden, bedarf es selbstverständlich solcher Maßnahmen nicht — höchstens sorgt man für die Möglichkeit seiner zeitweisen gründlichen Durchmischung durch den Einbau von Preßluftschlangen vor. Eine sinnreiche Einrichtung für das Arbeiten mit „bewegter Ware“ ist schließlich noch in Fig. 50 dargestellt — besonderer Erläuterungen bedürfen die Abbildungen eines Vernickelungsapparates für die Felgen von Fahrrädern

Fig. 49.

wohl nicht und wir können daher unsere Ausführungen mit einigen Worten über die Gefäße für unsere Bäder beenden.

Wannen aus wirklich gutem „Steinzeug" sind wohl gegen alle für uns in Betracht kommenden Elektrolyte genügend widerstandsfähig, jedoch nur dann verwendbar, wenn man ihren Inhalt überhaupt nicht oder höchstens nur mäßig mit elektrischen „Tauchsiedern" erwärmen will. Der Einbau von Dampf- oder Heißwasserschlangen wäre gefährlich, da man, besonders bei größeren Trögen, stets zu gewärtigen hätte, daß sie trotz aller

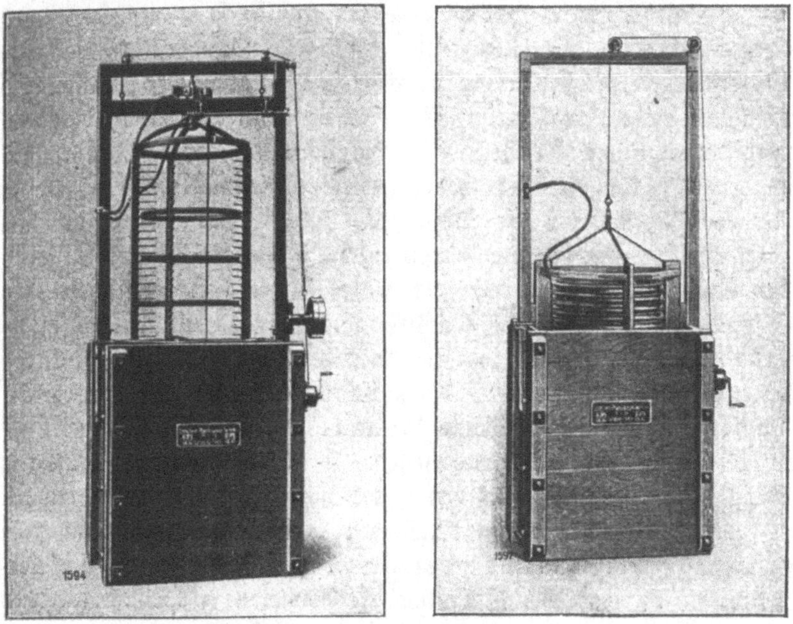

Fig. 50.
Felgenvernickelungsapparat der Langbein-Pfanhauser-Werke A.G., links mit gehobenem, rechts mit bereits zum Teile ins Bad gesenktem Felgengestelle.

Vorsicht in der Handhabung der Heizvorrichtungen doch an irgendeiner Stelle reißen. Es ist überhaupt recht gut, auch dann ihre Gebrechlichkeit nicht zu vergessen, wenn man über die Art der Unterbringung wertvoller Lösungen von Edelmetallen nachdenkt. Neuerdings verwendet man an Stelle der aus einem Stücke bestehenden Wannen aus Steinzeug häufig, insbesondere für größere Chrombäder, eiserne Behälter, die mit einer doppelten Lage von Fließen aus „säurefestem" Steinzeug ausgesetzt sind. Zu ihrer Verbindung darf man jedoch nicht etwa gewöhnlichen

Kalk- oder Zementmörtel gebrauchen, sondern muß sich eines besonderen Kittes bedienen, so daß die Fugen zwischen den Fließen nach dem Trocknen des Bindemittels und richtiger Ausfertigung ebenfalls dem Angriffe von Säuren Widerstand leisten können. Die Unterbringung von Heizschlangen in solchen Becken ist ohne weiteres zulässig — ihre Nachteile sind ihre Kostspieligkeit, sowie ihr großes Gewicht und ihre Unbeweglichkeit. An der Stelle, wo sie ausgemauert worden sind, soll man sie nämlich auch zur Benützung stehen lassen, da es schwierig ist, solche Gebilde zu verschieben, ohne daß ihr Gefüge Schaden nimmt.

Ebenfalls gegen fast alle die für uns in Betracht kommenden Elektrolyte mit Ausnahme sehr stark laugenhafter heißer Flüssigkeiten recht widerstandsfähig sind Wannen aus emalliertem Gußeisen oder emailliertem Eisenblech, wenn der Email von einwandfreier Beschaffenheit ist. Man kann sie, wie schon früher bemerkt, auf Gasherde stellen, in Oefen einmauern, kurz sie in der verschiedensten Art für unsere Zwecke benützen, nur darf man die Stangen für die Waren und die Anoden nicht unmittelbar auflegen, sondern muß zur Vermeidung von Nebenschüssen entweder den Rand des betreffenden Troges mit einem Holzrahmen versehen oder etwa die Auflagestellen der Stangen durch übergeschobene Abschnitte eines Kautschukschlauches passender Weite schützen. Emaillierte Wannen mit 200 l Fassungsraum sind schon recht stattliche Stücke — solche mit mehr als um 300 l Inhalt kommen für uns kaum mehr ernstlich in Betracht.

Auch die Herstellung tadelloser Holzwannen ist nicht ganz so einfach und man tut meist besser daran, sie von einer verläßlichen Firma unseres Faches zu beziehen, als sie bei einem Bindermeister zu bestellen, dem es vielleicht nicht an gutem Willen und Handwerksgeschick fehlt, aber eben an der nötigen Erfahrung in solchen Arbeiten. Holzwannen aus gutem Lärchen- und noch mehr solche aus „Pitchpine"-Holz eignen sich zur Aufnahme fast aller unserer Lösungen mit Ausnahme höher erwärmter, sowie stark saurer oder stark laugenhafter. Für galvanoplastische Kupferbäder können wir sie also ebensowenig verwenden, wie für heiße alkalische Zinnlösungen und schon gar nicht für Lösungen von „Chromsäure", die das Holz rasch zerstören würden. Mit 2—3 mm starkem Bleiblech oder mit Kautschuktuch ausgelegte Holzwannen sind dagegen vorzügliche Gefäße für galvanoplastische Kupferbäder. Mit 2—3 mm starkem Bleiblech gefütterte starke hölzerne Tröge verwenden wir denn auch in Hochleistungs-, Wander- und Fließanlagen (S. 43), während für große alkalische Zinnbäder schließlich autogen geschweißte oder genietete eiserne Becken in Betracht kommen mögen.

1. Chrombäder.

Das „Verchromen" hat nunmehr auch bereits bei uns große Bedeutung gewonnen, während es zur Zeit des Erscheinens der letzten Auflage der „Metallniederschläge" — 1923 — noch fast unbekannt war und es ist deshalb wohl am Platze, daß wir uns zunächst über die Eigenschaften des Chroms etwas eingehender unterrichten.

Entdeckt hat es 1798 der französische Chemiker Vauquelin — dann hat es aber fast hundert Jahre lang das Schicksal mancher anderer Metalle geteilt, deren Erzeugung vor dem gewaltigen Aufschwunge der Elektrotechnik zu schwierig gewesen wäre, für die man vielleicht auch gar keine rechte Verwendung wußte und die man daher abseits liegen ließ. Erst als gegen Ende des vorigen Jahrhunderts Goldschmidt und Vautin mit ihrem „aluminothermischen" Verfahren an die Oeffentlichkeit traten, ist es anders geworden. Das aluminothermische Verfahren besteht nämlich darin, daß man feinkörniges Aluminium auf Kosten des Sauerstoffes ihm zugemischter fester Stoffe verbrennt und die ungeheure Hitze, die bei diesem Vorgange frei wird, verwendet man zu Schweißarbeiten oder man gewinnt aus den dem Aluminium beigesetzten Sauerstoffverbindungen, auf deren Kosten es ja verbrennt, die in ihnen enthaltenen Metalle, zum Beispiel das Chrom.

Es ist ein dem Eisen und dem Nickel nahe verwandtes Metall, das poliert einen bläulichen Silberton zeigt, sein Schmelzpunkt liegt um 1550 °, sein spezifisches Gewicht bei 6,9 — kurz es verleugnet weder im Aussehen noch in seinem sonstigen Gehaben seine Verwandten. Eine gute Eigenschaft hat allerdings das Chrom vor ihnen voraus, nämlich seine völlige Unveränderlichkeit sowohl an trockener, als auch an feuchter Luft; erst bei ziemlich starkem Erhitzen läuft es an.

Goldschmidt ist es also als erstem gelungen, nahezu reines Chrom in größeren Mengen darzustellen und inzwischen begannen ihm auch die Hüttenleute Beachtung zu schenken, da sie die Bedeutung seiner Legierungen mit Eisen erkannt hatten. Eine solche mit um 17% Chrom ist ja der bekannte „rostfreie"

Stahl. Die schon eingangs erwähnte Beständigkeit des Chroms an feuchter Luft, die es, wie wir soeben gehört haben, sogar Legierungen mit Eisen mitteilt, ließ aber wiederum die Vertreter der Galvanotechnik nicht ruhen und es ist ja auch begreiflich, daß es für sie eine verlockende Aufgabe war, ein Bad zu finden, in dem man wirklich „verchromen" kann. Dies ist 1906 Salzer, damals Chemiker der Firma Dr. Langbein u. Co. in Leipzig, gelungen, ohne daß er jedoch mit seinem ihm patentierten Verfahren besonderen Anklang gefunden hätte. Erst in der allerletzten Zeit hat sich das Verchromen in Amerika und in England, dann aber selbstverständlich auch in Deutschland rasch durchgesetzt.

Eine ebenso leicht faßliche wie eingehende Sonderschrift, die denn auch im Bücherverzeichnisse angeführt ist, verdanken wir dem namhaften deutschen Elektrochemiker Pfanhauser — sie recht aufmerksam zu lesen, sei jedem Galvanotechniker dringend empfohlen — im folgenden findet er eine kurze Darstellung der heute üblichen Arbeitsweise.

Die in der Praxis gebrauchten Chrombäder bereitet man derzeit wohl fast stets durch Auflösen von Chromsäureanhydrid in Wasser und zwar von 200—600 g dieser Stoffe je 1 l Bad, das dann noch verschiedene, durch Patente geschützte oder geheim gehaltene Zusätze erhält. Das Chromsäureanhydrid — für gewöhnlich zwar kurz aber falsch „Chromsäure" genannt — wird in derben, dunkel braunroten Brocken gehandelt, die man in Gefäßen aus Glas, Porzellan, Steinzeug oder Eisen aufbewahren muß. Wenn diese nicht dicht verschlossen sind, zieht das Gut rasch Wasser an und zerrinnt zu einer schwarzroten, dicken Flüssigkeit, die tierische und pflanzliche Gewebe zerstört und sehr giftig ist. Den Zusammenhang zwischen der Dichte einer Lösung von Chromsäureanhydrid und ihrem Gehalte an Chrommetall weist die folgende Zusammenstellung nach Pfanhauser:

Bei 20 ° C Dichte der Lösung: ° B:	Die Lösung enthält je 1 l Chrommetall: g:
25	155
27	173
29	190
31	207
33	225

In eine solche, auf 30—45 ° angewärmte Lösung bringt man nun die Waren und zwar trocken, nachdem man sie, etwa durch Abwaschen mit Petroleum und Benzin und Abreiben mit Sägespähnen, vom „Schleiferschmutz“ gereinigt hat. Das sonst nicht zu umgehende vollständige Entfetten der Gegenstände, das „Dekapieren“, ist also nicht nötig, dagegen muß man beim Aufhängen an die Warenstangen den hohen Stromdichten von 3 bis 20 Amper Rechnung tragen, mit denen man arbeitet. Bei diesen hohen Stromdichten findet nun an den Anoden, schmalen Bleisteifen, eine kräftige Entwicklung von Sauerstoff statt und ebenso an den Werkstücken eine solche von Wasserstoff, welche Gase in zahlreichen größeren und kleineren Blasen aufperlen, so daß sich über dem Flüssigkeitsspiegel ein Sprühnebel zerstäubter Badelösung erhebt, der sich rasch im Werkstättenraum verbreiten und in kurzer Zeit den Aufenhalt in ihm unmöglich machen würde, wenn man ihn nicht wegfinge. Zu diesem Zwecke ordnet man in Verbindung mit den Badgefäßen entsprechend ausgestaltete Absaugevorrichtungen an, die nicht nur die Sprühnebel entfernen, sondern auch die zerstäubte Flüssigkeit wieder sammeln.

Die der Ware zugekehrte Fläche der Anoden bemißt man ungefähr mit der Hälfte der Fläche eben dieser Waren und um sich geänderten Verhältnissen rasch anpassen zu können, benützt man, wie schon bemerkt, schmale Bleistreifen von 2 bis 3 mm Stärke, von denen man dann nach Bedarf die richtige Anzahl einhängt. Sowohl hiebei, wie auch beim Einhängen der Ware müssen wir aber für eine recht gute Verbindung der den Strom leitenden Teile sorgen — am einfachsten in der Art, wie es Fig. 51 erläutert.

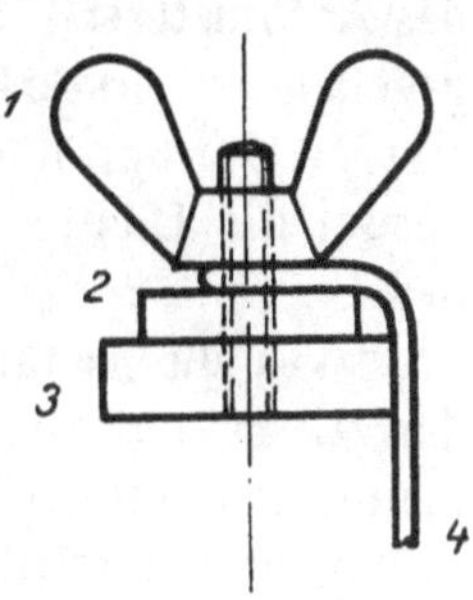

Fig. 51.
1 Flügelschraube, 2, 3 Kupferschienen der Warenstange, 4 Aufhängedraht.

Was nun die Menge des je 1 Amperstunde abgeschiedenen Chromes anbelangt, beträgt sie rechnungsmäßig 0,32 g, welcher Wert jedoch auch nicht annähernd erreicht wird, da die „Stromausbeute“ auf höchstens 20 % kommt, wir also kaum mit 0,32 g × 0,20 = 0,064 g Chrom je 1 Amperstunde rechnen dürfen. Den ungefähren Zusammenhang zwischen der Temperatur, der Stromdichte und der Stromausbeute bei den Chrombädern weist uns die folgende Tabelle, deren Ziffern ebenfalls dem früher erwähnten Werke Pfanhausers entnommen sind.

Stromdichte:	Temperatur des Elektrolyten 20 °:	35 °:	45 °:
		Stromausbeute	
2 Amper	15 %	12 %	7 %
5 „	18 „	13 „	9 „
10 „	20 „	15 „	12 „
15 „	25 „	20 „	15 „

Das an der Ware anfallende Metall gibt zunächst der Elektrolyt her, dem aber dieser Abgang nicht, wie zum Beispiel bei Nickelbädern, wiederum von den Anoden zukommt, weil wir ja beim Verchromen eben mit unlöslichen Bleianoden arbeiten, die sich lediglich mit einer Schichte von braunschwarzem Bleisuperoxyd bedecken. Wir müssen deshalb den Abgang an Metall durch zeitgerechte Zugabe reinen „Verstärkungssalzes“ decken, wobei wir uns einfach an die Weisungen der Firma halten, von der der betreffende Elektrolyt stammt, sowie an die Angaben des Aräometers — das heißt wir setzen von dem uns an die Hand gegebenen Verstärkungssalz solange angemessene Anteile unter stetem Umrühren mit einer Glasstange zu, bis die Lösung wiederum die Dichte hat, die uns als die richtige bezeichnet worden ist.

Was die Gefäße für Chrombäder anbelangt, verweisen wir den Leser auf die Ausführungen der S. 47—49; bloß für die kleineren kommen Wannen aus Steinzeug in Betracht, für größere nur mehr die mit Fließen aus Steinzeug ausgesetzten Tröge, in die man die erforderlichen Dampf- oder Heißwasser-Heizschlangen aus Eisen einbaut. Für eine Bewegung der Lösungen zu sorgen ist nicht nötig, dagegen muß der sachgemäßen Ausführung der Absaugvorrichtungen besondere Aufmerksamkeit gewidmet werden.

Zum Verchromen eignen sich meist ohne weiteres gestanzte, gezogene oder gepreßte Gegenstände aus Kupfer und Kupferlegierungen — wie schon früher bemerkt, genügt es, sie durch Abwaschen mit Petroleum und Benzin, sowie durch Abreiben mit Sägespänen sorgfältig vom „Schleiferschmutz“ zu reinigen, während das sonst so wichtige vollständige Entfetten der Werkstücke entfallen kann. Man „deckt“ mit Stromdichten bis zu 20 Amper und arbeitet dann mit Stromdichten von 3—5 Amper aus, so zwar, daß an der Ware eben noch eine leichte Gasentwicklung stattfindet. Ungefähr ebenso mag man auch gepreßte, gestanzte, gezogene und geschmiedete eiserne Teile behandeln, während wir gegossene Stücke, ob sie nun aus Kupferlegierungen oder aus Eisen bestehen, für gewöhnlich noch einer angemessenen Vorbehandlung unterziehen müssen. Um ihnen nämlich eine tadellos geschlossene Oberfläche zu geben, verkupfert man zum Beispiele gegossene Gegenstände aus Messing oder Bronze zunächst im galvanoplastischen Bade, worauf man sie nach gründlichem Spülen und Trocknen neuerlich aufglänzt und erst dann verchromt, so wie es eben beschrieben worden ist.

Bei einwandfreier Arbeit kommen die Waren, auch wenn sie längere Zeit im Chrombade verweilt haben, fast glänzend aus ihm und es bedarf bloß einer kurzen Behandlung mit Tuchscheiben und der grünen mit Chromoxyd bereiteten Paste, um ihnen das rechte Feuer zu geben — matte Niederschläge entstehen, wenn der Elektrolyt nicht die richtige Temperatur zwischen 30 und 45 ^{0} hat oder Störungen in seinem Aufbau eingetreten sind, die jedoch der Praktiker nicht selbst beheben kann, sondern wegen deren er sich unbedingt an die Stelle wenden soll, die ihm die Anlage eingerichtet hat. Des Abends, bei Schichtschluß, entfernt man die als Anoden dienenden Bleistreifen aus dem Bade, wäscht sie in dem Troge ab, in dem tagsüber die aus dem Bade kommenden Waren die erste Spülung erfahren, zieht sie dann noch einmal durch reines Wasser und legt sie zum neuerlichen Gebrauche beiseite. Aus dem Inhalte dieses Troges aus Steinzeug, in dem sich ja mit der Zeit ganz beträchtliche Mengen des Elektrolyten ansammeln, ersetzt man übrigens das aus dem Bade verdampfte Wasser.

Eine vollständige Einrichtung zum Verchromen besteht also zum mindesten aus dem Bade selbst, das sich für gewöhnlich in einer mit Fließen aus Steinzeug ausgesetzten eisernen Wanne befindet — sie muß mit passenden Apparaten zur Erwärmung ihres Inhaltes, sowie einer verläßlich arbeitenden Absaugevorrichtung ausgestattet sein — ferner aus der Dynamomaschine, sowie ihrem Nebenschlußregler, der Tafel mit dem Badstromregler, nebst Voltmeter und Ampermeter und schließlich dem soeben erwähnten Spültroge. Solchermaßen bildet sie eine in sich geschlossene Gruppe von Arbeitsbehelfen, zu der dann selbstverständlich noch verschiedene Hilfswerkzeuge kommen.

Das Verchromen ist, um nur einige Beispiele anzuführen, eine vorzügliche Ausfertigung von Türschnallen, Handgriffen und Beschlägen aller Art, insbesondere solcher in den Wagen von

Voll- und Straßenbahnen, ferner von Eßbestecken, von elektrischen Koch- und Heizapparaten und von Außenteilen von Gasbadeöfen. Aber noch für viele Sonderzwecke, deren Erörterung hier zu weit führen würde, ist es wichtig geworden; erwähnt sei bloß, daß es große Bedeutung zum Schutze der eisernen Preß- und Gußformen in Glashütten erlangt hat — seine Anwendung zu diesem Zwecke ist übrigens durch Patente geschützt — sowie auch zum Schutze stählerner Preßformen für Knöpfe und andere Erzeugnisse aus Kunsthorn.

2. Nickelbäder und Nickel-Kobaltbäder.
(S. 90—104 der „Metallniederschläge".)

In den gewöhnlichen „ruhenden" Bädern wird das Vernickeln im grosen und ganzen noch immer so betrieben, wie es in den „Metallniederschlägen" ausführlich beschrieben worden ist — wegen des Arbeitens in den „Massenapparaten" und in den „Hochleistungsbädern" für postenweise Beschickung, sowie in den „Wander"- und „Fließanlagen" sei vor allem auf die Ausführungen der S. 43—44 verwiesen. Was nun die Elektrolyte für solche Einrichtungen anbelangt, unterscheiden sie sich von den sonst verwendeten üblichen vor allem durch ihren hohen Gehalt an Metall, der bis zu 50 g Nickel je Liter bei Dichten bis zu 20 ° B betragen mag und ferner muß darauf Bedacht genommen werden, daß sie ja auch im angestrengten Betriebe möglichst unveränderlich sein sollen.

Die Firmen, die sich mit dem Bau von Hochleistungsbädern, Wander- und Fließanlagen befassen, legen deshalb besonderen Wert darauf, daß man von ihnen auch die fertigen Präparate zum Ansetzen und zur Pflege der zu den Arbeitsbehelfen gehörigen Lösungen bezieht und sie übernehmen gewöhnlich nur unter dieser Bedingung die Gewährleistung für deren einwandfreie Tätigkeit. Daran mag sich vielleicht ein oder das andere Unternehmen zunächst stoßen, das sich etwas zu vergeben glaubt, wenn es seine Elektroplattierlösungen nicht nach eigenen Vorschriften bereitet — wenn man es aber recht betrachtet, ist es doch sicherlich klüger, diese Bedingung anzunehmen und sich bei Mißerfolgen an die betreffende Lieferfirma zu halten, als erst nach mannigfachen Fehlschlägen das Richtige zu finden. Die Erfahrungen, die man so sammelt, allerdings meist um schweres Lehrgeld, hat doch gewiß die Lieferfirma in planmäßigen Proben in ihrer Versuchswerkstätte längst gewonnen und stellt sie gegen ein bescheidenes Entgelt, das im Preise der Ware steckt, ihren Kunden zur Verfügung. Aehnlich verhält es sich ja übrigens auch mit den fertigen „Salzen' für ruhende Bäder. Wenn man ein solches von einem im Fache erfahrenen Chemiker untersuchen läßt und sich das von ihm Gefundene dann überlegt, wird man fast immer zum selben Ergebnisse kommen, nämlich daß die betreffende Fabrik — selbstverständlich denken wir nur an ein ernst zu nehmendes, wirklich verläßliches Haus — dafür, daß sie mit dem gelieferten Gute ihre langjährigen Erfahrungen mitgibt, für seine einwandfreie Beschaffenheit mit ihrem Rufe haftet und der Kunde die Mühe des Zusammenwägens einzelner Posten von Chemikalien und die Sorge um immerhin mögliche Irrtümer bei dieser Arbeit abnimmt, sich einen bescheidenen Aufschlag in den Preis der Ware eingerechnet hat.

Wegen der Pflege des Elektrolyten von Hochleistungsnickelbädern welcher Art immer, seien es solche für postenweise Beschickung, mit Wandereinrichtungen oder in Fließanlagen, wäre schließlich nur noch zu bemerken, daß es bei ihnen nicht nur auf die sorgfältig abgestimmte Reaktion ankommt, die man im Sinne der Darlegungen der „Metallniederschläge" einstellt, sondern weiter darauf, daß stets die richtige Dichte, gleichzeitig aber auch der richtige Gehalt an Nickel je Liter erhalten wird. Hat man selbst nicht die nötigen Kenntnisse, um diesen zu bestimmen oder fehlt es an Behelfen für eine solche Arbeit, so muß man sie von einem Chemiker vornehmen lassen.

Was sodann die Nickel-Kobaltbäder anbelangt, werden sie heute gerne in Werkstätten gebraucht, die sich mit der Erzeugung von Druckstöcken befassen. Man pflegt nämlich die geätzten Zinkplatten vor ihrer Befestigung auf den Unterlagen aus Holz zu ihrem Schutze zunächst im zyankalischen Kupferbade leicht zu „decken" und dann, selbstverständlich nach sorgfältigem Spülen, zu vernickeln. Da hat man nun bemerkt, daß es doch besser ist, statt reinen Nickels eine Legierung von Nickel mit Kobalt niederzuschlagen, die einen noch härteren und gegen die Abnützung beim Drucken noch widerstandsfähigeren Ueberzug bilden soll. Auch hier tut der Praktiker wohl am besten daran, sich das „Salz" zur Bereitung des Bades fertig zu kaufen, die Lösung dann zeitgerecht nach den erhaltenen Anweisungen „aufzufrischen" und wenn es einmal nötig scheint, sie von der Stelle untersuchen zu lassen, von der die Stoffe zu ihrer Herstellung stammen. Im übrigen arbeitet man mit Anoden aus Nickel und auch sonst ganz ebenso wie in einem gewöhnlichen Nickelbade beim Ausfertigen von Werkstücken aus Zink.

3. Saure Zinkbäder.
(S. 104—08 der „Metallniederschläge".)

Was die Verwendung von Zinkbädern in Elektroplattierbetrieben anbelangt, ist zu den Ausführungen in den „Metallniederschlägen" eigentlich wenig neues zu sagen — höchstens wäre hervorzuheben, daß man sich beim Verarbeiten von Massenwaren selbstverständlich auch hier der „Glocken", „Fässer", „Trommeln" und „Schaukeln" bedient und zwar unter Verwendung ähnlicher Elektrolyte wie des auf S. 105 der „Metallniederschläge" angeführten, den man allenfalls durch Zugabe von Natriumsulfat für höhere Stromdichten abstimmen mag. Man muß nur dafür sorgen, daß sie im Gebrauche stets ganz schwach sauer bleiben, das heißt blaues Lackmuspapier hell violett färben, was man durch zeitgerechte Zugabe chemisch reiner Schwefelsäure — selbstverständlich unter fortwährendem Probieren mit dem Lackmuspapier — leicht erreicht.

Ganz gewaltige Fortschritte hat aber das Verzinken seit dem Erscheinen der letzten Auflage der „Metallniederschläge" in Großbetrieben gemacht, die sich mit der Herstellung von Eisenblechen, von eisernen Drähten und Bändern, Rohren und „Fittings", sowie schließlich von eisernen „Barrels" befassen. Eine Beschreibung der sinnreichen Vorrichtungen zur Verarbeitung dieser Massengüter in ununterbrochenem Flusse würde den Rahmen dieses Buches weit überschreiten — wir können hier nur kurz bemerken, daß man durch die stete Bewegung der „Ware" in den Bäderlösungen und durch deren dauernde Reinhaltung mit Filterapparaten zu ganz außerordentlich hohen Stromdichten kommt, bei denen dann ein glitzernder, fein krystallinischer Metallniederschlag anfallen muß, der, fest auf seiner Unterlage haftend, diese lückenlos deckt.

4. Saure Kupferbäder.
(S. 131 der „Metallniederschläge".)

Die „saueren" oder galvanoplastischen Kupferbäder müssen wir deshalb nunmehr unter die auch in der Galvanostegie häufiger gebrauchten reihen, weil sie uns zur Vorbereitung mancher Werkstücke vor dem Verchromen dienen. Wie schon bei der Besprechung dieses Verfahrens gesagt worden ist, muß man nämlich manchmal Gußstücke aus Messing oder Bronzelegierungen — selbstverständlich nach sorgfältiger Reinigung — erst einmal im saueren Kupferbade mit einem tadellos geschlossenen Ueberzuge versehen, bevor man sie ins Chrombad bringen kann. Ob im besonderen Falle dieses Vorverkupfern nötig ist oder entfallen mag, bleibt der Entscheidung eines erfahrenen Fachmannes vorbehalten und auch er wird sie meist nur auf Grund der Ergebnisse von praktischen Versuchen fällen.

5. Alkalische Zinkbäder.

In den „Metallniederschlägen" haben wir der alkalischen Zinkbäder überhaupt nicht gedacht — mögen sie hier der Vollständigkeit halber angeführt sein.

Manche Galvanotechniker rühmen ihnen nämlich nach, daß sie besser „streuen" als die „saueren" Bäder und verwenden sie deshalb gerne zum „Decken" stark „profilierter" Stücke. Diese Behauptung ist ja gewiß nicht unrichtig, jedoch wird man bei geschickter Arbeitsweise sehr oft auch mit einem „saueren" Bade zum Ziele kommen, dessen Handhabung doch zum mindesten weit angenehmer ist als die eines alkalischen Elektrolyten.

Eine bewährte Vorschrift zur Bereitung eines solchen ist nach Pfanhauser die folgende. Es sind für 1 l zu lösen:

45 g Zyanzinkkalium
15 „ Zyankalium
20 „ Kochsalz
20 „ Aetznatron
2 „ Zyanquecksilberkalium.

Man arbeitet in „ruhenden" Bädern bei mittleren Entfernungen zwischen Waren und Anoden mit Spannungen von 2—3 V, in „Faßapparaten" und „Trommeln" dagegen mit 5—7 V und wenn die Beschaffenheit des Niederschlages nicht mehr einwandfrei ist, trachtet man dem durch Zugabe von Zyankalium und von etwa 1 g Zyanquecksilberkalium je 1 l abzuhelfen. Während der Pausen in der Arbeit des Betriebes sollen die Anoden aus den Bädern entfernt werden, damit sie nicht von der laugenhaften Flüssigkeit unnötig angegriffen werden und aus ihr alles Quecksilber niederschlagen.

6. Zyankalische Kupferbäder.

(S. 119—23 der „Metallniederschläge".)

Den allgemeinen Ausführungen über die zyankalischen Kupferbäder in den „Metallniederschlägen" ist wohl kaum etwas beizufügen — als Ergänzung wollen wir nur bemerken, daß wir solche Elektrolyte mit einem besonders hohen Gehalte an Kupfer und zwar bei einer Temperatur von etwa 30—40 °, heute häufig verwenden, wenn es sich darum handelt, zum Beispiel auf eisernen Teilen von Kraftfahrzeugen, eine besonders starke, rostsichere Vernickelung herzustellen. Weiteres über den Gegenstand findet der Leser weiter unten dargelegt.

Gegen die Bereitung von zyankalischen Kupferbädern aus besonders zubereiteten „Salzen", die man nur einfach in Wasser zu lösen braucht, ist, wenn sie von einer zuverlässigen Firma gekauft werden, nichts einzuwenden. Solche Salze werden sowohl für „ruhende" Bäder, als auch für „Massengalvanisierapparate" geliefert.

7. Messingbäder.

(S. 123—27 der „Metallniederschläge".)

Was wir soeben über die „Salze" gesagt haben, aus denen man lediglich durch Auflösen in der entsprechenden Menge Wasser zum Gebrauche fertige Kupferbäder bereitet, gilt auch für die Präparate zum Ansetzen von „ruhenden" Messingbädern und solchen für „Glocken", „Fässer", „Trommeln" und Großanlagen für die Vermessung eiserner Blechbänder.

8. Kadmiumbäder.

(S. 132, 133 der „Metallniederschläge".)

Die Kadmiumbäder haben seit dem Erscheinen der letzten Auflage der „Metallniederschläge" große Bedeutung erlangt, da man erkannt hat, daß eine Elektroplattierung mit Kadmium eiserne Gegenstände ausgezeichnet gegen das Anrosten schützt.

Hiezu nun wollen wir zunächst einige allgemeine Bemerkungen machen.

Wenn es sich darum handelt, Eisen- oder Stahlgegenstände zu ihrem Schutze gegen das Anrosten zu elektroplattieren, so mag man zwei Wege einschlagen. Entweder gibt man ihnen einfach einen so dichten und starken Ueberzug, daß er sie eben wie eine überall undurchlässige Haut zuverlässig abschließt — oder man versieht sie mit einem Ueberzuge, der sie, wenn er auch an einer oder der andern Stelle seine Grundlage nicht ganz vollkommen deckt, dennoch durch chemische Wechselwirkung gegen die Einflüsse der Atmosphäre schützt.

Was den ersten Weg anbelangt, geht man ihn auch heute noch oft, zum Beispiele beim Vernickeln stark beanspruchter Teile von Fahrrädern und Kraftfahrzeugen, etwa der Rahmen der Windschutzscheiben; die Stücke werden zunächst im warmen zyanalkalischen Bade so stark verkupfert (vgl. 6. Zyankalische Kupferbäder), daß man die niedergeschlagene Kupferschicht mit der Tuchscheibe aufglänzen kann, worauf man neuerlich sorgfältig reinigt, entfettet und im „Hochleistungs"-Nickelbade schwer vernickelt. Bei der Arbeitsweise dagegen, die wir an zweiter Stelle angeführt haben, bestrebt man sich ja allerdings auch, nach Möglichkeit überall solid und genügend stark zu „decken", verwendet aber hiebei — ohne Rücksicht auf dessen geringere Widerstandsfähigkeit gegen die Einflüsse der Atmosphäre — ein Metall, das dem Eisen in der Spannungsreihe voransteht, zum Beispiel Zink, in der neueren Zeit aber auch Kadmium. Auf eine Unterlage von Kadmium nun läßt sich dann noch recht gut Nickel auftragen und so kommen wir mit seiner Hilfe zu einer dritten, bereits vorzüglich bewährten Art zu elektroplattieren, nämlich der, auf einer Grundlage von Kadmium schwer zu vernickeln. —

Kadmiumbäder, wie sie heute verwendet werden, sind im Wesen Lösungen von Kaliumkadmiumzyanid mit verschiedenen Zusätzen, die vorläufig noch geheimgehalten werden, so daß man derzeit wohl am besten tut, die „Salze" und Präparate zur Bereitung von Kadmiumbädern von einer verläßlichen Firma fertig zu beziehen. Sie werden sowohl für „ruhende" Bäder, als auch für die Verarbeitung von Massengütern in „Glocken", „Fässern" und „Trommeln" geliefert. Man arbeitet mit Stromdichten von 0,3—1 A, bei denen aus richtig angesetzten Elektrolyten je 1 Amperstunde praktisch etwa 1,9 g Kadmium ausfällt und mit Anoden aus reinem Kadmium.

9. Silberbäder.

(S. 108—119 der „Metallniederschläge".)

Im großen und ganzen wird wohl das Versilbern von Eßbestecken, von „Hohlware", sowie von Schmuck- und Ziergegenständen heute noch ebenso durchgeführt, wie zur Zeit des

Erscheinens der letzten Auflage der „Metallniederschläge“, so daß wir den Darlegungen in diesem Werke über die Bereitung und die Pflege von Silberbäder wenig beizufügen haben, zumal ja der „Gewichtszähler“, die sich allerdings vorzüglich bewährt und daher auch rasch Eingang gefunden haben, bereits auf S. 30 gedacht worden ist.

Gegen die Verwendung von Präparaten, aus denen man ohne weiteres durch Auflösen in Wasser Silberbäder bereiten kann, ist nichts einzuwenden, wiederum unter der Voraussetzung, daß man sie von verläßlichen Firmen bezieht, deren Gewährleistung für den Gehalt an Edelmetall in der von ihnen gelieferten Ware wirklich ernst genommen werden darf.

Die Aufgabe, Eßbestecke an den beim Gebrauche am meisten beanspruchten Stellen mit einer stärkeren Auflage von Silber zu versehen als an den übrigen Teilen, das sogenannte „Scheiteln“, ist zwar eigentlich mit einfachen Behelfen zu lösen, jedoch scheinen diese doch noch nicht ganz zu befriedigen, da sich einige neuere Patente mit dem Gegenstande befassen. Recht beachtenswert sind ferner die Versuche, in „Karusselbädern“ mit erwärmten Elektrolyten durch die Arbeit mit bedeutend höheren Stromdichten als den in ruhenden Bädern üblichen die Zeit für das Versilbern von Eßbestecken bedeutend abzukürzen. Ein abschließendes Urteil darüber zu fällen, ob diese Versuche Erfolg haben werden, ist derzeit noch nicht möglich.

Schließlich sei hier noch eines vom Verfasser ausgearbeiteten Verfahrens zur Rückgewinnung des Edelmetalls aus alten Silberbädern gedacht, das von der Langbein-Pfanhauser-Werke A.-G. in Leipzig-Sellerhausen verwertet wird und nach dem es möglich ist, in kurzer Zeit, mit den einfachsten Behelfen und ohne nennenswerte Kosten in der Werkstätte selbst einen solchen Elektrolyten aufzuarbeiten.

10. Goldbäder.

(S. 127—131 der „Metallniederschläge“.)

Auch hier können wir uns recht kurz fassen.

Besonders hervorzuheben wäre nur zunächst, daß sich Anoden aus „nicht rostendem“ Chromstahl, einer Legierung von etwa 83 Teilen Eisen mit 17 Teilen Chrom, in Goldbädern ganz vorzüglich bewähren und den Gebrauch des teueren Platins überflüssig gemacht haben. Ferner müssen wir die „Goldsalze“

erwähnen, die in einwandfreier Beschaffenheit mit genau festgesetztem Gehalte an Edelmetall im Handel zu haben sind und uns das insbesondere in kleinen Werkstätten oft recht lästige Bereiten von „Chlorgold" ersparen.

Schließlich wollen wir nochmals auf das bereits S. 60 erwähnte Verfahren des Verfassers hinweisen, das sich auch zur Aufarbeitung alter Goldbäder, sowie der Spülflüssigkeiten nach Vergoldungsarbeiten als sehr brauchbar erwiesen hat.

11. Eisenbäder.

(S. 131 und 162—165 der „Metallniederschläge".)

Allgemeinere Bedeutung für unser Fach haben die Eisenbäder noch immer nicht erlangt — die Auswertung der patentrechtlich geschützten Verfahren zur Herstellung von Eisenblechen auf elektrolytischem Wege bleibt Großbetrieben vorbehalten.

12. Kobaltbäder.

(S. 132 der „Metallniederschläge".)

Das dorten Gesagte bedarf keiner Ergänzung.

13. Bleibäder.

(S. 132 der „Metallniederschläge").

Außer den bereits in den „Metallniederschlägen" erwähnten, mit kieselfluorwasserstoffsaueren Salzen bereiteten Bädern gibt es heute auch noch andere Ansätze, aus denen die elektrolytische Herstellung tadelloser Bleiniederschläge ohne weiteres möglich ist. Nichtsdestoweniger hat das „galvanische" Verbleiben noch immer, wenigstens im allgemeinen, keine besondere Bedeutung gewonnen.

14. Zinnbäder.

(S. 132 der „Metallniederschläge".)

Auch die Bemühungen der Fachleute, die Zinnbäder zu verbessern, sind sicherlich nicht ohne Erfolg gewesen, trotzdem ist das Verzinnen in geschmolzenem Metall noch immer nicht voll und ganz durch ein elektrolytisches Verfahren ersetzt worden, zumal man ja auch beim „Feuerverzinnen" manche Fortschritte gemacht hat.

15. Arsen- und Antimonbäder.

(S. 133 der „Metallniederschläge".)

16. P l a t i n b ä d e r.
(S. 134 der „Metallniederschläge".)

17. P a l l a d i u m b ä d e r.
(S. 135 der „Metallniederschläge".)

Den Ausführungen an den erwähnten Stellen der „Metallniederschläge" ist nichts hinzuzusetzen.

III. Die Vollendungsarbeiten.

(Zu S. 135—138 der „Metallniederschläge".)

Es ist sicher nicht überflüssig, hier nochmals darauf hinzuweisen, daß die meisten Fehler bei der Herstellung „galvanischer" Ueberzüge gar nicht beim Elektroplattieren selbst gemacht werden, sondern bei der Vorbereitung der Waren oder ihrer Nachbehandlung und daß es vor allem anderen nötig ist, sich stets der größten Sauberkeit zu befleißigen. Dieser Forderung ist aber doch gewiß nicht Genüge getan, wenn man die Werkteile nur mangelhaft gespült in bereits feuchte Sägespähne bringt, sie dorten ein wenig rollt und feucht weitergibt! Gerade das erste Spülen in kaltem Wasser muß mit der peinlichsten Sorgfalt geschehen, so daß die Reste der Badflüssigkeit tatsächlich aus allen Winkeln, Ecken und Höhlungen der Stücke entfernt werden und nur so — also bereits ganz rein — dürfen sie in das heiße Wasser kommen. Je heißer dieses ist, um so besser, denn dann werden die eingetauchten Waren in ihnen eben so warm, daß nach ihrem Herausnehmen die ihnen anhaftende Feuchtigkeit fast vollständig verdampft und das letzte Auftrocknen in Sägespähnen nur mehr wenig Mühe macht. Für diese — wenn von Hand betrieben nicht gerade saubere und angenehme — Arbeit mag man sich mit gutem Erfolge mechanischer Einrichtungen bedienen (Fig. 52). Häufig ist es aber auch möglich sie durch eine Nachbehandlung der aus dem heißen Wasser kommenden elektroplattierten Gegenstände in durchlüfteten Wärmeschränken oder „Zentrifugen" zu ersetzen, in die erwärmte Luft eingeblasen wird. Solche Apparate haben sich, wo es sich um die Bewältigung großer Posten handelt, für die verschiedensten Warensorten oft recht gut bewährt — allerdings sind sie nicht billig.

Daß man schließlich dann auch bei der letzten Ausfertigung des in der einen oder der anderen Art getrockneten Gutes bestrebt war, wo nur irgend möglich von der Handarbeit loszukommen, liegt auf der Hand und auch hier haben deshalb „Faßapparate“ und „Trommeln“ der verschiedensten Art große Bedeutung gewonnen. Für die Trockenscheuerverfahren in solchen Geräten dienen wiederum Mischungen der verschiedensten Stoffe, als harzfreie Sägespähne, Lederabfälle, Kleie, Polierrot und Poliertrippel, Schlämmkreide, Wienerkalk, feinste geschlämmte Tonerde und noch andere. Die richtige Zusammensetzung und die richtige Anwendung solcher Mischungen in ge-

Fig. 52.

eigneten Apparaten ist eine sehr wichtige Sache — welche Erfolge erzielt werden können, zeigt uns zum Beispiel der prachtvolle Hochglanz englischer Stahlfedern und es ist begreiflich, daß eine scheinbar so einfache Angelegenheit wie die Bereitung eines Scheuermittels ängstlich als Geheimnis gehütet wird, wenn der betreffende Betrieb für seine Zwecke etwas besonders Gutes gefunden hat.

Selbstverständlich ist auch das Kugelpolierverfahren oft mit Erfolg anwendbar und es sei dem Leser deshalb nochmals eine genaue Durchsicht der im Bücherverzeichnisse angeführten Veröffentlichung über diesen Gegenstand empfohlen.

Die Galvanoplastik.

(Zu S. 138—165 der „Metallniederschläge".)

Wenn wir uns umsehen, was uns die letzten Jahre auf dem Gebiete der Galvanoplastik Neues gebracht haben, können wir gleich feststellen, daß sich an ihren Verfahren selbst grundsätzlich eigentlich nicht viel geändert hat. Ferner bemerken wir, wie zwar ihre Bedeutung im Kunstgewerbe im Zusammenhange mit der gegenwärtigen Einstellung unseres Geschmackes, sowie des ganzen Wirtschaftslebens einigermaßen zurückgegangen ist — dafür sind aber wiederum andere Gebiete erschlossen worden, in denen man ihre Arbeitsweisen mit Erfolg anwendet.

Was zunächst die Drucktechnik anbelangt, ist für sie nach wie vor die Herstellung von „Galvanos" aus Kupfer, Nickel, Eisen und im Banknotendruck sogar Eisenlegierungen nach Schriftsätzen, Radierungen und Rasterätzungen wichtig geblieben. Geätzte Rasterplatten für den Mehrfarbendruck formt man übrigens zur Gewinnung von Matrizen für Galvanos heute stets mit besonders eingerichteten, nebenbei bemerkt, recht kostspieligen Pressen in Blei ab. Dies ist deshalb nötig, weil die einzelnen Platten für einen Druck mit einer Genauigkeit zusammenpassen müssen, die eben auf anderem Wege nicht zu erreichen ist. Außerdem hat aber ein neues Verfahren in der Drucktechnik bereits allgemein Eingang gefunden, nämlich das sogenannte „Walzenaufkupfern". Man pflegt nämlich jetzt große Auflagen von Erzeugnissen des „Tiefdruckes" von Kupferwalzen — richtiger von Kupferzylindern — zu drucken, auf deren Mantel die Bilder und Schriftzeichen eingeäzt sind. Ist dann ausgedruckt, so werden die betreffenden Zylinder auf besonderen Maschinen abgedreht und geschliffen, worauf sie wiederum zur Aufnahme neuer Aetzungen bereit sind. Es ist nun wohl klar, daß solchermaßen aber der Mantel eines Zylinders bald aufgezehrt wäre und da hilft man sich eben mit dem „Aufkupfern". Es besteht einfach darin, daß man die Walze sich in einem galvanoplastischen Bade drehen läßt, in das sie ganz oder zum Teil eintaucht, während auf ihrem Mantel ein Achat oder ein Satz solcher Steine hin- und hergleitet, den anwachsenden Niederschlag stets glättend und festigend. Wie man sieht, lehnt sich das Verfahren, um dessen Weiterbildung sich in letzter Zeit insbesondere Hermann Pfanhauser verdient gemacht hat, an die bekannte Arbeitsweise nach Elmore zur Herstellung nahtloser Kupferröhren an. Das Aussehen einer Apparatur zur Tiefdruckwalzen-Aufkupferung zeigt uns Fig. 53 — ihre Bedienung ist eine ganz einfache und von einem nur halbwegs erfahrenen und umsichtigen Galvanoplastiker in ganz kurzer Zeit zu erlernen, wenn er sich nur genau an die Anweisungen hält, die er von der Fabrik bekommen

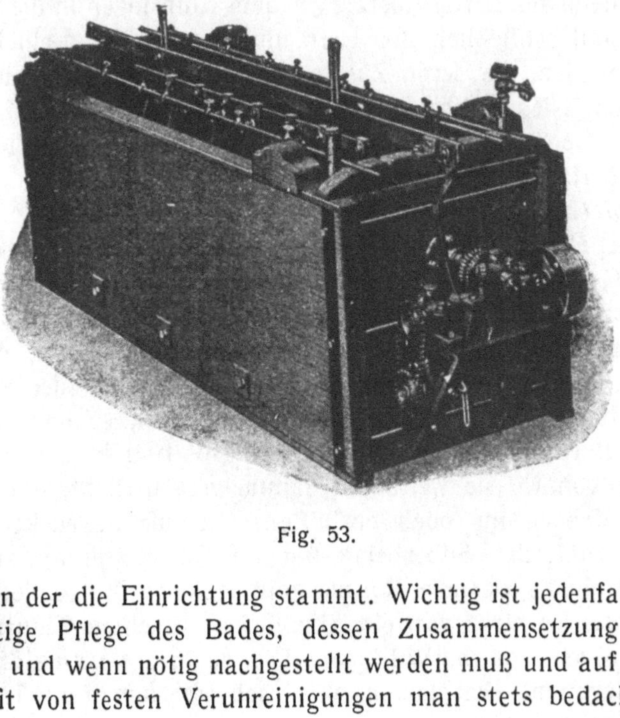

Fig. 53.

hat, von der die Einrichtung stammt. Wichtig ist jedenfalls eine sorgfältige Pflege des Bades, dessen Zusammensetzung öfters geprüft und wenn nötig nachgestellt werden muß und auf dessen Reinheit von festen Verunreinigungen man stets bedacht sein soll.

Anschließend an das Gesagte mag hier dann auch gleich der Erzeugung von „Nickelmatern" für den „Schriftguß" gedacht werden.

Die Gießmaschinen, sinnreich ausgebildete, selbsttätige Geräte, drücken das geschmolzene Letternmetall in metallene Formen, die „Matern", die man auch schon früher auf galvanoplastischem Wege aus Kupfer herzustellen pflegte und zwar unmittelbar nach den vom Graveur aufs feinste ausgefertigten Urmodellen aus Letternmetall. Diese Kupfermatern hielten aber nicht sehr lange aus und die in ihnen gegossenen zum Verkaufe an die Buchdruckereien bestimmten Lettern hatten bald nicht mehr den so besonders geschätzten hohen Glanz. Man ist daher in den letzten Jahren dazu übergegangen, besagte Matern auf galvanoplastischem Wege aus Nickel anzufertigen, wozu man sich besonders zubereiteter heißer Bäder bedient, in denen die Modelle stets bewegt werden, damit sich an ihnen ja keine Gasblasen ansetzen können und so Löcher im Nickelniederschlage entstehen. Die Zusammensetzung dieser Bäder hüten die Schriftgießereien als Betriebsgeheimnis, ebenso die Art der Reinigung der Modelle aus Letternmetall vor dem Einbringen in die Plastikbäder und schließlich die Herstellung der „Trennschicht“ auf den Modellen, die deren Zusammenwachsen mit dem auf ihnen erzeugten Niederschlage verhindert. —

Ein weiteres sehr interessantes Verfahren, bei dem man sich der Arbeitsbehelfe der Galvanoplastik bedient, ist sodann das Verkupfern von Spiegeln.

Die Herstellung von Spiegeln geschieht heute allgemein in der Art, das man auf die erst einmal sehr sorgfältig gereinigten und vorbereiteten und dann in einem flachen Trog genau wagrecht gelegten Glasplatten eine Lösung aufgießt, aus der sich ein Belag von metallischem Silber abscheidet, der fest am Glase haften muß. Ist er richtig angefallen, so läßt man die ausgenützte Silberlösung von den Glasplatten in den Trog abrinnen, von wo sie weiter in Sammelgefäße fließt, damit man später das in ihr noch enthaltene Edelmetall rückgewinnen könne, spült den Silberbelag mit reinem Wasser ab, trocknet ihn in einem warmen Raume und lackiert ihn schließlich — wenn man es nicht vorzieht, ihn vorher zu seinem Schutze auch noch zu verkupfern. Will man dies, so bringt man einfach die „verspiegelten“ Glasplatten, ohne sich erst mit ihrem Trocknen aufzuhalten, jedoch mit passenden Stromzuleitungen versehen, in ein galvanoplastisches Kupferbad und scheidet auf der zarten Silberhaut einen Kupferniederschlag genügender Stärke ab, welcher Niederschlag dann die Verspiegelung weit besser schützt als es ein bloßer Lacküberzug vermag. Das Verfahren ist nicht nur für gewöhnliche Spiegel recht wichtig geworden, sondern auch zur Verkupferung der teilweisen Verspiegelung von Glühlampen für die Scheinwerfer von Kraftfahrzeugen, sowie der

Versilberung der bekannten Reflektoren aus geripptem Glase für Schaufenster.

Mit den vorstehenden Darlegungen sind wir auch hier bei der Besprechung von Arbeitsweisen angelangt, die, streng genommen, eigentlich nicht mehr zur Galvanoplastik gehören, aber doch mit ihren Behelfen ausgeführt werden, so wie zum Beispiel auch das in den „Metallniederschlägen" auf den S. 153 und 154 erwähnte „Metallisieren" chirurgischer Instrumente. Dieses wird nun zwar kaum mehr geübt, da man besagte Werkzeuge für den Arzt jetzt meist ganz aus Metall — neuerdings häufig aus nicht rostendem Chromstahl — herzustellen pflegt, dafür hat aber das teilweise Verkupfern eiserner Maschinenteile vor dem „Einsatzhärten" große Bedeutung gewonnen. Unser Maschinenbau verwendet nämlich oft Stücke, die beim sogenannten „Einsetzen" nur an einzelnen Stellen hart werden, an anderen jedoch ihre Weichheit behalten sollen. Da geht man nun so vor, daß man die ersteren Stellen mit einem geeigneten Lacke abdeckt, dann die freigebliebenen Teile der Oberfläche zunächst leicht im zyankalischen Bade verkupfert und wenn das Eisen solchermaßen gegen den Angriff der Säure des galvanoplastischen Bades geschützt ist, in diesem weiter bearbeitet, bis eben die niedergeschlagene Metallhaut genügend stark ist. Wäscht man schließlich nach dem Spülen und Trocknen der Werkstücke die Lackabdeckungen von ihnen mit Benzol wiederum ab, so liegt überall dorten, wo sich diese Abdeckungen befanden, das Eisen bloß und ist somit der Einwirkung des Härtemittels zugänglich, während es an den verkupferten Teilen der Oberfläche nicht angreifen kann.

Verschiedene Zusammenstellungen.

Ergänzung zu der „Zusammenstellung der für die Galvanotechnik wichtigsten Materialien"

(S. 169—182 der „Metallniederschläge")

Name des Materials	Eigenschaften
Ammoniumalaun	Durchsichtige, farblose Kristalle, gemahlen weisses Pulver. Löslich in Wasser, nicht giftig. Unterscheidet sich vom gewöhnlichen Alaun, dem „Kaliumalaun", dadurch, daß die Lösung, wenn man sie mit Aetznatron oder Aetzkali versetzt und erwärmt, Ammoniak entwickelt.
Blutlaugensalz, gelbes siehe Kaliumferrozyanid	
Chlornatrium siehe Natriumchlorid	
Chromsäureanhydrid Chromsäure	Dunkel braunrote, derbe Stücke, die schon beim Liegen an der Luft Wasser anziehen und zerfließen. Aetzend und giftig.
Diammoniumkobaltsulfat Kobaltammoniumsulfat	Rosarote Kristalle, in Wasser löslich. Giftig. Die Lösung, mit Aetznatron oder Aetzkali versetzt und erwärmt, entwickelt, ebenso wie die von Diammoniumnickelsulfat, Ammoniak und unterscheidet sich dadurch von einer Lösung von Kobaltsulfat.
Dikaliumzinkzyanid	Siehe die Bemerkungen bei Tetrakaliumcuprozyanid.
Dinatriumsulfit	Das Kristallwasser enthaltende Salz, $Na_2SO_3 + 7\,H_2O$, ist in Wasser leicht löslich, beim Erwärmen der Lösung scheidet sich dabei wasserfreies Salz, Na_2SO_3, ab.
Ferrozyankalium siehe Kaliumferrozyanid	
Kadmiumsulfat schwefelsaures Kadmium.	Weiße, durchsichtige Kristalle, in Wasser leicht löslich. Giftig.
Kadmiumzyanid Zyankadmium	Weißer, pulveriger Stoff, in Wasser nicht löslich, dagegen in einer Lösung von Zyankalium oder Zyannatrium in Wasser.

Name des Materials	Eigenschaften
Kaliumferrozyanid Ferrozyankalium, gelbes Blutlaugensalz	Lichtgelbe, durchscheinende Kristalle, in Wasser leicht löslich.
Kaliumkadmiumzyanid Zyankadmiumkalium	Weiße, durchscheinende Kristalle, in Wasser leicht löslich. Sehr giftig.
Kaliumkupferzyanid	Vergleiche die Bemerkungen bei Tetrakaliumcuprozyanid.
Kaliumzinkzyanid	Vergleiche die Bemerkungen bei Tetrakaliumcuprozyanid.
Kaliumzyanid Zyankalium	Außer dem reinen Zyankalium verwendet man heute zur Bereitung und zur Pflege von Kupfer-, Messing- und Kadmiumbädern meist ein um etwa die Hälfte billigeres Präparat, das in weißen Stücken in den Handel kommt und aus Natriumzyanid und Kaliumchlorid besteht. Von letzterem Stoff ist gerade soviel vorhanden, daß das Gut in seiner Wirkung reinem Kaliumzyanid gleichkommt.
Kobaltammoniumsulfat siehe Diammoniumkobaltsulfat	
Kobaltsulfat Schwefelsaures Kobalt	Rosarote, durchscheinende Kristalle, in Wasser leicht löslich. Giftig. Wegen der Unterscheidung von Diammoniumkobaltsulfat siehe die Bemerkungen bei diesem Stoff.
Kristallbisulfit siehe Natriumsulfit	
Kupferzyanür und Kupferzyanürzyanid	Man unterscheidet im Handel zwei Sorten von „Zyankupfer", das „weiße" und das „grüne". Das erstere ist Kupferzyanür oder kommt dem chemischen Aufbau dieses Stoffes wenigstens ziemlich nahe, das letztere ist Kupferzyanürzyanid. Beide Sorten sind in Wasser unlöslich, dagegen löslich in Lösungen von Zyankalium oder Zyannatrium, jedoch, wenn länger gelagert, recht langsam.

Name des Materials	Eigenschaften
Natriumbisulfit siehe Natriumsulfit	
Natriumchlorid Kochsalz	Bedarf keiner Erläuterung.
Natriumpyrophosphat Pyrophosphorsaures Natrium	Weiße, durchscheinende Kristalle, gemahlen ein weißes Pulver. Löslich in Wasser, nicht giftig.
Natriumsulfit, sauer saures schwefelsaures Natrium, Natriumbisulfit, Kristallbisulfit	Weiße, durchscheinende Kristalle, gemahlen ein weißes Pulver. Löslich in Wasser, nicht giftig.
Nickelkarbonat Kohlensaurer Nickel	Grünlichweißes, in Wasser unlösliches Pulver. Giftig.
Quecksilberchlorid Sublimat	Kleine weiße Kristallnadeln, löslich in Wasser, sehr giftig.
Tetrakaliumcuprozyanür	Unter den Bezeichnungen „Zyankupferkalium" und „Zyanzinkkalium" kommen für unsere Zwecke nicht etwa reines Tetrakaliumcuprozyanür und Dikaliumzinkzyanid in den Handel, sondern Mischungen dieser Stoffe mit anderen Salzen, was eben ihre Herstellungsart mit sich bringt. Dies schadet weiter nicht, nur dürfen diese Salze bei der Bereitung der Bäder nicht stören.
Zyankadmium siehe Kadmiumzyanid	
Zyankupfer siehe Kupferzyanür und Kupferzyanürzyanid	
Zyankupferkalium siehe Tetrakaliumcuprozyanid	
Zyanzink siehe Zinkzyanid	
Zyanzinkkalium	Siehe die Bemerkungen bei Tetrakaliumcuprozyanid.

Chemische Formeln, Molgewichte und Metallgehalte einiger für die Galvanotechnik wichtiger Verbindungen.

Name der Verbindung	Chemische Formel	Molgewicht	1 Gewichtsteil Verbindung enthält Gewichtsteile Metall	1 Gewichtsteil Metall ist enthalten in Gewichtsteilen Verbindung
Alaun	$KAl(SO_4)_2 + 12\ H_2O$	474,40	—	—
Ammoniak	NH_3	17,03	—	—
Ammoniumalaun	$(NH_4)Al(SO_4)_2 + 12\ H_2O$	453,34	—	—
Ammoniumchlorid	NH_4Cl	53,50	—	—
Ammoniumsulfat	$(NH_4)_2SO_4$	132,15	—	—
Antimonchlorid	$SbCl_5$	299,10	—	—
Arseniksäureanhydrid (Arsenige Säure)	As_2O_3	197,92	—	—
Bleiazetat	$(C_2H_2O_2)_2Pb + 3\ H_2O$	325,20	0,6371	1,5695
Bleinitrat	$Pb(NO_3)_2$	331,20	0,6256	1,5989
Bleioxyd	PbO	223,20	0,9283	1,0770
Borsäure	H_3BO_3	61,89	—	—
Chromsäureanhydrid	Cr_2O_3	100,00	0,5201	1,9227
Diammoniumkobaltsulfat	$(NH_4)_2CO(SO_4)_2 + 6\ H_2O$	395,51	0,1491	6,7070
Diammoniumnickelsulfat	$(NH_4)_2Ni(SO_4)_2 + 6\ H_2O$	395,22	0,1485	6,7352
Dikaliumzinkzyanid	$K_2[Zn(CN)_4]$	247,57	0,5569	1,7958
Dinatriumphosphat	$Na_2HPO_4 + 12\ H_2O$	358,24	—	—
Dinatriumsulfit	$Na_2SO_3 + 7\ H_2O$	252,18	—	—
Dinatriumsulfit, wasserfrei	Na_2SO_3	126,04	—	—
Ferrosulfat	$FeSO_4 + 7\ H_2O$	278,01	0,2009	4,9787
Kadmiumsulfat	$3\ CdSO_4 + 8\ H_2O$	769,51	0,1460	6,8461
Kadmiumzyanid	$Cd(CN)_2$	164,40	0,6837	1,4626
Kaliumbichromat	$K_2Cr_2O_7$	294,20	—	—
Kaliumhydroxyd	KOH	56,11	—	—
Kaliumferrozyanid	$K_4Fe(CN)_6 + 3\ H_2O$	422,34	—	—
Kaliumkadmiumzyanid	$K_2Cd(CN)_4$	294,60	0,3815	2,6210
Kaliumkarbonat	K_2CO_3	138,20	—	—
Kaliumsilberzyanid	$KAg(CN)_2$	199,00	0,5421	1,8446
Kaliumzinkzyanid	$K_2[Zn(CN)_4]$	247,57	0,2640	3,7872
Kaliumzyanid	KCN	65,11	—	—
Kalziumkarbonat	$CaCO_3$	100,07	—	—
Kalziumoxyd	CaO	56,07	—	—
Kobaltsulfat	$CoSO_4 + 7\ H_2O$	218,15	0,2097	4,7677
Kupferazetat	$(C_2H_3O_2)_2Cu + H_2O$	199,63	0,3184	3,1403
Kupferzyanür	$CuCN$	89,58	0,7096	1,4092
Kupferzyanürzyanid	$Cu(CN)_2(CuCN)_2 + (5\ H_2O$	384,78	0,4956	2,0176
Kupferoxyd	CuO	79,57	0,7989	1,2517
Kupfersulfat	$CuSO_4 + 5\ H_2O$	249,71	0,2546	3,9281

Name der Verbindung	Chemische Formel	Mol-gewicht	1 Gewichtsteil Verbindung enthält Gewichtsteile Metall	1 Gewichtsteil Metall ist enthalten in Gewichtsteilen Verbindung
Magnesiumkarbonat	$MgCO_3$	84,32	—	—
Magnesiumsulfat	$MgSO_4 + 7\ H_2O$	264,50	—	—
Natriumbichromat	$Na_2Cr_2O_7 + 2\ H_2O$	298,00	—	—
Natriumazetat	$C_2H_3O_2Na + 3\ H_2O$	136,06	—	—
Natriumchlorid	$NaCl$	58,46	—	—
Natriumhydroxyd	$NaOH$	40,01	—	—
Natriumkarbonat, wasserfrei	Na_2CO_3	106,00	—	—
Natriumkarbonat, kristallisiert	$Na_2CO_3 + 10\ H_2O$	286,16	—	—
„ „	$Na_2CO_3 + H_2O$	124,02	—	—
Natriumpyrophosphat	$Na_4P_2O_7 + 1\ 0H_2O$	446,24	—	—
Natriumsulfantimoniat	$Na_3SbS_4 + 9\ H_2O$	481,20	—	—
Natriumsulfat, wasserfrei	Na_2SO_3	142,00	—	—
Natriumsulfat, kristallisiert	$Na_2SO_4 + 10\ H_2O$	322,23	—	—
Natriumsulfit, sauer	$NaHSO_3$	104,08	—	—
Natriumzitrat	$C_6H_5O_7Na_3 + 5\ H_2O$	348,04	—	—
Natriumzyanid	$NaCN$	49,01	—	—
Nickelchlorür	$NiCl_2 + 6\ H_2O$	237,70	0,2469	4,0508
Nickelkarbonat, basisch, bei 100° C getrocknet	$NiCO_3\ 4\ NiO + 5\ H_2O$	507,44	0,5782	1,7295
Nickelsulfat	$NiSO_4 + 7\ H_2O$	280,85	0,2089	4,7861
Quecksilberchlorid	$HgCl_2$	271,50	—	—
Salpetersäure	HNO_3	63,02	—	—
Salzsäure	HCl	36,47	—	—
Schwefelsäure	H_2SO_4	98,09	—	—
Silberchlorid	$AgCl$	143,34	0,7526	1,3287
Silbernitrat	$AgNO_3$	69,98	0,6350	1,5748
Silberzyanid	$AgCN$	133,89	0,8057	1,2411
Tetrakaliumkuprozyanid	$K_4[Cu_2(CN)_6]$	569,74	0,2893	3,4572
Wasser	H_2O	18,02	—	—
Zinkazetat	$(C_2H_3O_2)_2Zn + 2\ H_2O$	219,43	0,2979	3,3567
Zinksulfat	$ZnSO_4 + 7\ H_2O$	287,55	0,2273	4,3988
Zinkzyanid	$Zn(CN)_2$	117,39	0,5569	1,7958
Zinnchlorür	$SnCl_2 + 2\ H_2O$	225,70	0,5259	1,9014
Zitronensäure	$C_6H_8O_7 + H_2O$	210,08	—	—

Löslichkeit einiger wichtiger Verbindungen in Wasser.

Name der Verbindung	Es sind löslich in 1000 Gewichtsteilen Wasser von °C	Gewichtsteile-Verbindung
Alaun	10	98
	100	3575
Ammoniumalaun	10	90
	100	4220
Ammoniumchlorid	10	330
	100	730
Ammoniumsulfat	10	736
	100	975
Arsenige Säure	10	40
	100	95
Bleiazetat	10	454
Bleinitrat	10	480
	100	1390
Borsäure	10	27
	100	290
Diammoniumkobaltsulfat,	10	116
als wasserfreie Verbindung	23	171
$((NH_4)_2CO(SO_4)_2$	40	223
	50	287
	60	345
Diammoniumnickelsulfat,	10	32
als wasserfreie Verbindung	30	83
$(NH_4)_2Ni(SO_4)_2$	50	144
	68	188
	85	286
Dikaliumzinkzyanid	10	420
	100	785
Dinatriumphosphat	10	200
	100	1500
Dinatriumsulfit, wasserfrei	20	287
	40	495
	100	330
Ferrosulfat	10	610
	100	3330
Kadmiumsulfat	10	950
	100	800
Kaliumbichromat	10	80
	100	980
Kaliumkarbonat	10	1090
	100	1560
Kaliumsilberzyanid	10	125
	100	1000

Name der Verbindung	Es sind löslich in 1000 Gewichtsteilen Wasser von	
	° C	Gewichtsteile-Verbindung
Kobaltsulfat, als wasserfreie Verbindung $CoSO_4$	10	305
	20	364
	29	400
	44	504
	50	552
	60	604
	70	657
Kupferazetat	10	74
	100	200
Kupfersulfat	10	370
	100	2030
Magnesiumsulfat	10	315
	100	715
Natriumchlorid	10	360
	102	407
Natriumhydroxyd	10	961
	100	2130
Natriumpyrophosphat	10	68
	100	930
Natriumsulfat, mit Kristallwasser, $Na_2SO_4 + 10\ H_2O$	10	90
	30	400
Natriumsulfat, wasserfrei	35	494
	100	427
Nickelchlorür	10	500—660
Nickelsulfat, als wasserfreie Verbindung $NiSO_4$	2	304
	16	374
	20	397
	31	453
	41	491
	50	520
	60	572
	70	619
Quecksilberchlorid	10	657
	100	540
Silbernitrat	19·5	2270
	85	7140
	110	11100
Tetrakaliumkupferzyanid	10	940
	100	1540
Zinksulfat	10	1382
	100	6536
Zinnchlorür	10	2710
Zitronensäure	10	1330

Vergleich von Baumé-Graden mit Volumgewichten bei 17,5° C.
(Nach Pfanhauser, Die elektrolytischen Metallniederschläge).

Baumé-grade	Volum-gewicht	Baumé-grade	Volum-gewicht	Baumé-grade	Volum-gewicht	Baumé-grade	Volum-gewicht
0	1,0000	19	1,1487	38	1,3494	57	1,6349
1	1,0068	20	1,1578	39	1,3619	58	1,6533
2	1,0138	21	1,1670	40	1,3746	59	1,6721
3	1,0208	22	1,1763	41	1,3876	60	1,6914
4	1,0280	23	1,1858	42	1,4009	61	1,7111
5	1,0353	24	1,1955	43	1,4143	62	1,7313
6	1,0426	25	1,2053	44	1,4281	63	1,7520
7	1,0501	26	1,2153	45	1,4421	64	1,7731
8	1,0576	27	1,2254	46	1,4564	65	1,7948
9	1,0653	28	1,2357	47	1,4710	66	1,8171
10	1,0731	29	1,2462	48	1,4860	67	1,8398
11	1,0810	30	1,2569	49	1,5012	68	1,8632
12	1,0890	31	1,2677	50	1,5167	69	1,8871
13	1,0972	32	1,2788	51	1,5325	70	1,9117
14	1,1054	33	1,2901	52	1,5487	71	1,9370
15	1,1138	34	1,3015	53	1,5652	72	1,9629
16	1,1224	35	1,3131	54	1,5820		
17	1,1310	36	1,3250	55	1,5993		
18	1,1398	37	1,3370	56	1,6169		

Einige Formeln der Elektrotechnik.

a) Gleichstrom.

Einheit des elektrischen Widerstandes = 1 Ohm (O) = Widerstand eines Fadens reinen Quecksilbers, der gerade 1,063 m lang ist und überall 1 mm² Querschnitt hat bei 0 ° C.

Einheit der Stromstärke = 1 Amper (A) = Stärke jenes Stromes der in 1 h gerade 1,184 g Kupfer aus einer Lösung von Kupfersulfat in Wasser ausscheidet.

Einheit der Spannung = 1 Volt (V) = jene Spannung, die durch eine Leitung von 1 O Widerstand gerade einen Strom von 1 A Stärke treibt.

$$\text{Stromstärke in einem Stromkreise in A} = \frac{\text{Spannung zwischen den Enden des Stromkreises in V}}{\text{Widerstand des Stromkreises in O}}$$

daher:

$$A = \frac{V}{O}$$

$$V = A \times O$$

und:

$$O = \frac{V}{A}$$

$$\text{Widerstand einer Strombahn in O} = \frac{\text{Spezifischer Widerstand des Materials aus dem die Strombahn besteht (sp.W.)} \times \text{Länge der Strombahn (l)}}{\text{Querschnitt der Strombahn (q)}}$$

$$O = \frac{\text{sp. W.} \times l}{q}$$

daher:

$$l = \frac{O \times q}{\text{sp. W.}}$$

und:

$$q = \frac{\text{sp. W.} \times l}{O}$$

und:

$$\text{sp. W.} = \frac{O \times q}{l}$$

In diesen Formeln bedeutet bei ihrer Anwendung auf metallene Strombahnen:

sp. W = Widerstand eines Drahtes aus dem betreffenden Metall von 1 m Länge und 1 mm^2 Querschnitt in O [1]),
l = Länge der Strombahn in m,
q = Querschnitt der Strombahn in mm^2.

Bäder:

sp. W = Widerstand eines Stückes der betreffenden Flüssigkeit von 1 dm Länge und 1 dm^2 Querschnitt in O,
l = Länge der Strombahn in dm,
q = Querschnitt der Strombahn in dm^2.

Einheit der mechanischen Arbeit = 1 Kilogrammeter (kgm), die Arbeit, die vollbracht wird, wenn man 1 kg gerade 1 m hoch hebt (oder 0,5 kg gerade 2 m oder 2 kg gerade 0,5 m usw.).

Einheit der mechanischen Leistung = 1 Kilogrammeter je 1 Sekunde (kgm/sek), die Leistung, die vollbracht wird, wenn

[1]) Bei derselben Temperatur, welche die Strombahn hat, um deren Widerstand es sich handelt. Der spezifische Widerstand eines Metalles oder einer Flüssigkeit ist nämlich eine von der Temperatur abhängige Größe — bei Metallen nimmt er mit steigender Temperatur im allgemeinen zu, bei Flüssigkeiten im allgemeinen ab.

man 1 kg gerade in 1″ auf 1 m hoch hebt (oder 0,5 kg gerade 2 m oder 2 kg gerade 0,5 m usw.), also:

mechanische Leistung einer Maschine in kgm/sek	=	von der Maschine vollbrachte Arbeit in kgm	:	Arbeitsdauer in Sekunden

und:

von einer Maschine vollbrachte Arbeit in kgm	=	mechanische Leistung der Maschine in kgm/sek	×	Arbeitsdauer in Sekunden

In der Technik übliche Einheit der mechanischen Leistung = 1 Pferdestärke (PS) = 75 kgm/sek,
übliche Einheit der Arbeit = 1 Pferdekraftstunde (PSSt)
also:

mechanische Leistung einer Maschine in PS	=	von der Maschine vollbrachte Arbeit in PSSt	:	Arbeitsdauer in Stunden

und:

von einer Maschine vollbrachte Arbeit in PSSt	=	mechanische Leistung der Maschine in PS	×	Arbeitsdauer in Stunden

Einheit der elektrischen Arbeit = 1 Wattstunde (WSt) und zwar ist:

die in einem Stromkreise umgesetzte elektr. Arbeit in WSt	=	Spannung zwischen den Enden des Stromkreises in V	×	Stärke des Stromes in A	×	Arbeitsdauer in Stunden

Einheit der elektrischen Leistung = 1 Watt (W) und zwar ist:

die in einem Stromkreise umgesetzte elektrische Leistung in W	=	Spannung zwischen den Enden des Stromkreises in V	×	Stärke des Stromes in A

Den Zusammenhang zwischen elektrischer Leistung und elektrischer Arbeit weisen also folgende Formeln [1]):

---

[1]) Bei Gleichstrom brauchen wir also zur Messung der in einem Stromkreise umgesetzten Leistung an Meßinstrumenten nur ein passendes Voltmeter und ein ebensolches Amperemeter und, wenn wir auch die umgesetzte Arbeit bestimmen wollen, offenbar noch eine Uhr. Bei Wechselstrom können wir dagegen zur Messung der Leistung des Wattmeters nicht entraten, das sie uns unmittelbar angibt.

$$\text{elektrische Leistung in W} = \text{elektrische Arbeit in WSt} : \text{Arbeitsdauer in Stunden}$$

$$\text{elektrische Arbeit in WSt} = \text{elektrische Leistung in W} \times \text{in Stunden Arbeitsdauer}$$

In der Technik werden häufig Vielfache der vorstehenden Einheiten gebraucht und zwar:

1 Hektowatt (HW) = 100 W und 1 Kilowatt (KW) = 10 HW = 1000 W

und:

1 Hektowattstunde (HWSt) = 100 WSt und 1 Kilowattstunde = 10 HWSt = 1000 WSt

Den Zusammenhang zwischen mechanischer und elektrischer Leistung zeigt weiter der Ansatz:

$$1 \text{ PS} = 736 \text{ W} = 7{,}36 \text{ HW} = 0{,}736 \text{ KW}$$

während umgekehrt ist:

$$1 \text{ W} = 1 \text{ PS} : 736 = 0{,}001359 \text{ PS}$$
$$1 \text{ HW} = 1 \text{ PS} : 7{,}36 = 0{,}1359 \text{ PS}$$
$$1 \text{ KW} = 1 \text{ PS} : 0{,}736 = 1{,}359 \text{ PS}$$

und schließlich steht die in einem Stromkreise umgesetzte elektrische Arbeit, wenn sie zur Gänze in Wärme umgewandelt wird, zu deren Menge in folgender Beziehung:

$$\text{im Stromkreise entwickelte Wärmemenge in Kalorien (K)} = 0{,}859 \times \text{umgesetzte elektrische Arbeit in WSt}$$

$$= 0{,}859 \times \underbrace{\text{Spannung zwischen den Enden des Stromkreises in V}} \times \text{Stromstärke in A} \times \text{Arbeitsdauer in Stden}$$

$$= 0{,}859 \times \text{Stromstärke in A} \times \text{Stromstärke in A} \times \text{Widerstand des Stromkreises in O} \times \text{Arbeitsdauer in Stden}$$

Der Wirkungsgrad eines elektrischen Motors oder eines Generators ist das Verhältnis der abgegebenen zur aufgenommenen Leistung:

$$\text{Wirkungsgrad} = \frac{\text{abgegebene Leistung}}{\text{aufgenommene Leistung}}$$

wobei selbstverständlich Dividend und Divisor in denselben Einheiten angegeben werden müssen — z. B. ist der Wirkungsgrad eines sogenannten „Umformers" oder eines „Aggregates" aus einem Gleichstrom-Motor und einem Gleichstrom-Generator:

$$\frac{\text{abgegebene Leistung in W}}{\text{aufgenommene Leistung in W}} = \frac{\text{Spannung zwischen den Generatorklemmen in V} \times \text{Stärke des abgenommenen Stromes in A}}{\text{Spannung zwischen den Motorklemmen in V} \times \text{Stärke des dem Motor zufließenden Stromes in A}}$$

---

b) Wechselstrom.

$$\text{von einem Drehstrom-Motor aufgenommene elektrische Leistung in W} = 1{,}73 \times \text{Angabe des Wattmeters in W}$$

daher ist der „Wirkungsgrad" eines „Aggregates" aus einem Drehstrommotor und einem Gleichstromgenerator:

$$\frac{\text{abgegebene Leistung in W}}{\text{aufgenommene Leistung in W}} = \frac{\text{Spannung zwischen den Generatorklemmen in V} \times \text{Stärke des abgenommenen Stromes in A}}{1{,}73 \times \text{Angabe des Wattmeters in W}}$$

Einige zum weiteren Studium geeignete Deutsche Lehr- und Handbücher.

Was die Galvanotechnik selbst anbelangt, ist vor allem das Werk: „Dr. W. Pfanhauser, Die elektrolytischen Metallniederschläge", Berlin, bei Springer, zu erwähnen, das bei der Fülle seines Inhaltes auch dem erfahrenen Fachmanne immer wieder von Nutzen sein wird. Mit Sondergebieten befassen sich sodann die Veröffentlichungen desselben Gelehrten:

„Das Verchromungs-Verfahren", Eigenverlag der Langbein-Pfanhauser-Werke, Leipzig und Wien,

„Die Herstellung von Metallgegenständen auf elektrolytischem Wege“ und „Die Galvanoplastik“, beide bei Knapp, Halle a. S.,

sowie die Schriften:

„Wogrinz, Die galvanotechnischen Bäder, ihre Chemische Untersuchung und praktische Erprobung unter Berücksichtigung der Roh- und Hilfsstoffe der Galvanotechnik“, Berlin, bei Krayn und

„Kugelpolierverfahren“, Eigenverlag der Langbein-Pfanhauser-Werke, Leipzig-Wien.

Gemeinfaßliche Darlegungen über Elemente und Akkumulatoren, sowie über die für ihn in Betracht kommenden Gleichrichter findet der Galvanotechniker ferner in:

„Wogrinz, Elemente und Akkumulatoren, ihre Wirkungsweise und Behandlung“, Wien und Leipzig, bei Deuticke und

„Müller, Quecksilberdampf - Glasgleichrichter“, Berlin, Verlagsanstalt Norden, G.m.b.H.

Nach wie vor wichtig bleiben: „Buchner, Das Aetzen und Färben der Metalle“ und: „Buchner, Die Metallfärbung“, sowie: „Buchner, Elektrolytische Metallabscheidungen, alle Berlin, bei Krayn und schließlich für Beamte und Industrielle, in deren Betrieben die Galvanotechnik eine Rolle spielt: „Hollemann, Lehrbuch der Anorganischen Chemie“, Leipzig, bei Veit und Co., „Schenkel, Elektrotechnik“, Leipzig, bei Weber, „Thomälen, Kurzes Lehrbuch der Elektrotechnik“, Berlin, bei Springer und „Ledebur-Bauer, Die Legierungen und ihre Anwendung für gewerbliche Zwecke“, Berlin, bei Krayn.

Dringend anzuraten ist allen, die mit elektrischen Einrichtungen welcher Art immer zu tun haben schließlich ein recht fleißiges Studium des „Vorschriftenbuch Deutscher Elektrotechniker“, Berlin, bei Springer und des bereits im Texte erwähnten Werkes: „Jellinek, Der elektrische Unfall“, Leipzig und Wien, bei Deuticke.

Sachverzeichnis.

Wenn es sich schon aus dem Inhaltsverzeichnisse ergibt, wo über einen Gegenstand nachzulesen ist, findet sich in der folgenden Zusammenstellung kein Hinweis auf ihn.

MIX
Papier | Fördert gute Waldnutzung
FSC® C083411

Zeitfracht Medien GmbH
Ferdinand-Jühlke-Straße 7
99095 Erfurt, Deutschland
produktsicherheit@kolibri360.de